AF344109

PETITE ÉCOLE

DES

ARTS ET MÉTIERS.

IMPRIMERIE DE J.-B. IMBERT,
rue de la Vieille-Monnaie, nᵒ 12.

L'Architecture.

Le Mâçon.

Le Tailleur de pierres.

Le Marbrier.

PETITE ÉCOLE

DES

ARTS ET MÉTIERS,

Contenant des notions simples et familières sur tout ce que les Arts et Métiers offrent d'utile et de remarquable ;

Par M. JAUFFRET.

Ouvrage destiné à l'instruction de la jeunesse,

ET ORNÉ DE CENT VINGT-CINQ GRAVURES.

TOME TROISIÈME.

PARIS,

A LA LIBRAIRIE D'ÉDUCATION
D'ALEXIS EYMERY, rue Mazarine, n° 30.
1816.

PETITE ECOLE

DES

ARTS ET MÉTIERS.

ARTS

QUI ONT POUR OBJET

LE LOGEMENT

ET

L'AMEUBLEMENT DE L'HOMME.

PENDANT qu'une partie de la société s'occupe des préparatifs de la nourriture et de l'habillement, nous en allons voir une autre, presque aussi nombreuse, qui prend sur elle le soin du logement et de l'ameublement.

Et jetant un coup-d'œil sur la manière dont les premiers hommes se sont formé leurs habitations, l'espace immense que l'industrie humaine a eu à parcourir, en deviendra plus frappant; et notre admiration se portera naturellement sur des choses auxquelles nous ne réfléchissons seulement pas, par l'habitude que nous avons de les voir.

Les premières retraites des hommes furent les antres et les cavernes, dont le séjour leur dut paraître bientôt aussi triste que mal sain. On aura cherché peu à peu à se procurer des habitations plus commodes et plus agréables. Les premiers logemens auront été proportionnés aux moyens naturels que présentait chaque contrée, et relatif aux lumières et au génie des différentes peuplades. Les roseaux, les cannes, les branches, les feuilles d'arbre, les écorces, les terres grasses ont été les matériaux dont on a d'abord fait usage. Les premières maisons des Grecs ne furent que d'argile. Ces peuples furent quelque temps à ignorer l'art de la cuire, pour en construire des briques. On a vu autrefois des peuples, comme on en voit encore à présent, se construire, faute de matériaux et surtout d'intelligence, des cabanes avec des peaux, et des os de chiens de mer et d'autres grands poissons.

Vous avez entendu parler des huttes que se construisent presque tous les sauvages du nord de l'Asie, de l'Europe et de l'Amérique, et plusieurs peuplades africaines, telles que les Caffres et les Hottentots. Ces huttes ont la forme d'une glacière. Un trou pratiqué à la pointe du toit, donne issue à la fumée.

Des peuplades un peu moins grossières ont construit leurs logemens avec des troncs d'arbres élevés les uns

sur les autres et rangés carrément.
On voit encore aujourd'hui les restes
de ces pratiques originaires dans quelques villages d'Allemagne, de Polo-
gne et de Russie.

Plusieurs raisons déterminent la
manière de bâtir des peuples. Des
dangers continuels apprennent à quelques uns à fortifier leurs habitations
pour se mettre mieux en sûreté. Les
peuples qui ont besoin de se pour-
voir contre les tremblemens de terre,
de se mettre à l'abri des inondations,
des insectes ou des bêtes féroces, bâ-
tissent autrement que ceux qui ignorent ces maux. La chaleur excessive
du climat, exige une toute autre manière de bâtir qu'une température
extrêmement froide. Des pasteurs no-
mades ont d'autres habitations que
des peuples cultivateurs.

Jetons, mes enfans, un coup-d'œil
rapide sur ces nouveaux efforts de

l'industrie humaine , et suivons les progrès des différens arts qui ont pour objet de construire et de meubler notre habitation. Ne nous arrêtons point aux misérables chaumières de nos paysans des environs de Paris , chétives demeures, qui nous reporteraient à l'enfance de l'art. Examinons tout de suite les maisons commodes qu'habite l'aisance , et ne rappelons les premiers essais de l'industrie que pour faire ressortir avec plus d'éclat les succès étonnans qu'elle a obtenus , et qui s'accroissent de jour en jour.

ART DU CHARPENTIER.

C'est l'usage du bois, dans la construction de sa demeure, qui a commencé à signaler l'adresse de l'homme, et qui a distingué son habitation de celle des ours. Il faut cependant des outils pour exploiter le bois avec facilité ; et avant l'invention de ces outils, comment venir à bout d'employer de semblables matériaux ?

On aura d'abord, mes enfans, abattu les arbres comme les sauvages les abattent, par le moyen du feu. Ils les minent peu à peu avec de petits tisons, qu'ils ont soin d'entretenir et de rapprocher. Le même secret leur sert à les couper en bille, ils placent des tisons de distance en distance sur

le corps de l'arbre qu'ils veulent dé-
biter.

On aura inventé successivement
quelques instrumens pour tailler et
pour planer les bois. Les premiers
outils étaient sans doute faits de cer-
taines pierres dures. Il existe encore
dans les cabinets des curieux, de ces
anciens outils. La plupart des nations
de l'Amérique, et les insulaires du
grand Océan n'en connaissent pas
d'autres. On aura imaginé ensuite de
faire des outils en métal, dont le
nombre n'a pu être considérable dans
les premiers temps. On peut juger des
connaissances des anciens peuples par
celles des Péruviens, avant l'arrivée
des Espagnols. Ils n'employaient que
la *hache* et la *doloire* pour travailler
leur bois. La *scie*, les *clous*, le *mar-*
teau, et les autres instrumens de charpenterie leur étaient inconnus.

Franchissons les siècles et les dis-

tances , considérons l'*art du char-*
pentier dans son état présent. Asso-
cié à la maçonnerie , il entre pour
beaucoup dans la construction de nos
édifices. Quelquefois il en fournit la
carcasse entière, ou ce qu'on nomme
la *cage*, laquelle est remplie ensuite
d'une maçonnerie légère. On ne peut
se passer des secours du bois pour
faire la division des étages. Il est in-
dispensablement nécessaire pour empêcher l'écartement des murs , et pour
conserver le tout par le maintien du
comble.

Quand on n'a point la facilité ou la
volonté de faire des fondemens profonds, on se contente alors de la solidité que peut avoir le bâtiment en
bois par les liaisons qui forment un
tout de différentes pièces ; et le terrain s'en trouvant peu chargé, obéit
moins qu'il ne ferait sous le poids
d'une maçonnerie en pierre qu'on y

voudrait asseoir , sans la fonder sur le ferme.

Quand , au contraire , on veut se donner un fondement stable dans le terrain le plus mouvant , et dans celui où le ferme est trop difficile à atteindre , c'est encore le bois qui vient au secours et qui assure une solidité inébranlable à la maçonnerie. Les pilotis qu'on enfonce dans ces terrains , à grands coups de mouton , portent leurs pieds jusques sur le tuf , et de leurs têtes , conjointement arrêtées à la même hauteur , ils soutiennent le fardeau d'un édifice immense.

La simple dénomination des pièces qui entrent dans la structure d'un comble , et de tout un bâtiment en bois , peut , avec la figure , vous donner d'abord une idée assez juste de ces assemblages de charpenterie , dont il est peu ordinaire de s'instruire , et que personne ne devrait ignorer.

3.

Pourrez-vous ensuite vous refuser à l'examen en détail des outils qui servent à l'exécution de ces ouvrages ? La connaissance des services qu'ils rendent est faite non seulement pour piquer la curiosité, mais même pour éveiller la pénétration de l'esprit. Commençons par le plus nécessaire ; le premier ouvrier vous apprendra le reste, et vous éclaircira le tout.

PLANCHE 1. *Les pièces de charpenterie.*

A 1. Sablière, pièce qui termine un pan de bois et un mur de cloison.

2. Gros poteaux corniers pour maintenir les coins.

3. Poteaux de croisées aux côtés des fenêtres.

4. Poteaux d'huisserie ou de porte.

5. Poteaux de remplage ou d'entredeux.

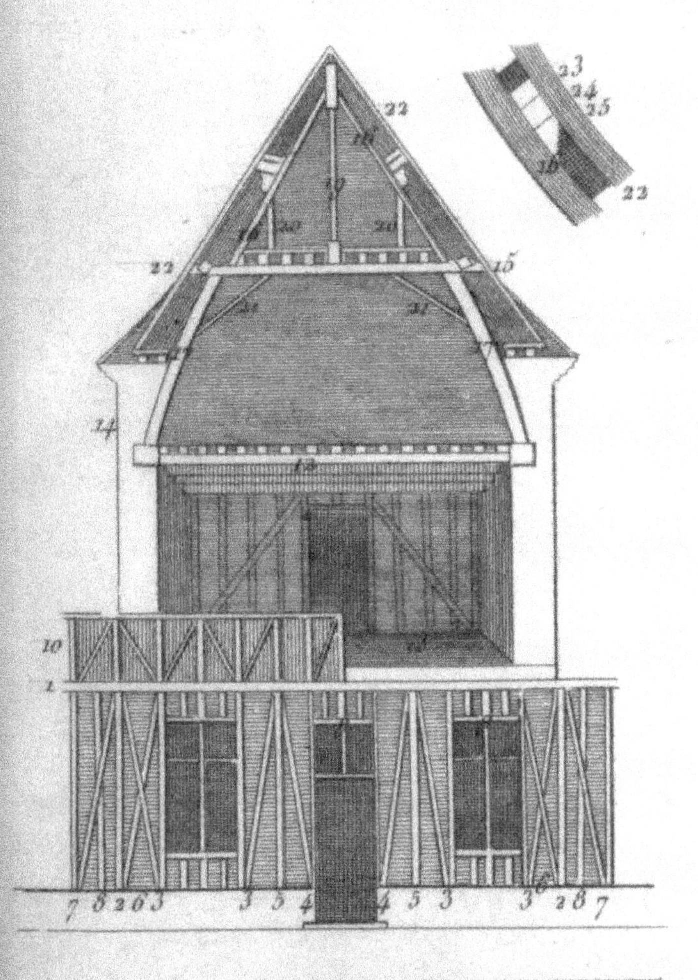

Les pièces de Charpenterie.

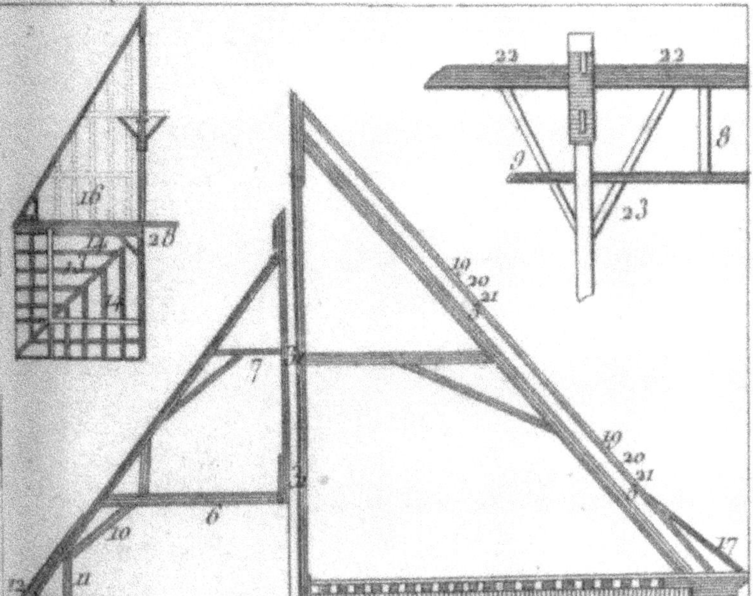

Les pièces de Charpenterie.

6. Croix de saint André, pièces croisées.

7. Guettes ou demi-croix de saint André.

8. Guettrons, pièces en diagonale, ou petites guettes sous les appuis des croisées, etc.

9. Linteaux, traverses au haut des portes ou des croisées.

10. Petits poteaux.

11. Petits potelets au-dessus des linteaux et sous les appuis des fenêtres.

12. Poutres.

13. Lambourdes, pièces qui servent à appuyer le parquet.

14. Solives, pièces qui portent leur bout sur la poutre, et soutiennent le plancher.

15. Entrait, pièce qui porte le poinçon.

16. Arbalétriers ou petites forces

qui s'emmortaisent (1) au haut du poinçon.

17. Jambes de force, appuis de la couverture courbés par dehors, posant un de leurs bouts sur la poutre, et de l'autre soutenant l'entrait.

18. Tirant, même chose que l'entrait, et empêchant l'écartement des jambes de force.

19. Poinçon, pièce de bout, qui avec les tirans, les jambes de force et les arbalétriers, forme ce qu'on appelle une ferme.

20. Jambettes, petites pièces de bout sur l'entrait, vers la jonction avec les arbalétriers.

21. Goussets, qui vont de la jambe de force à l'entrait.

---

(1) Voyez à l'article qui traite de l'art du MENUISIER, ce que l'on entend par *tenons* et *mortaises*.

22. Chevrons qui portent les lattes.

23. Bout des pannes qui traversent et supportent les chevrons.

24. Les tasseaux, bloquets qui arrêtent les pannes.

25. Les échantignolles qui fortifient les tasseaux.

B 1. Gros mur.

2. Plate forme, lieu vide sur le gros mur.

3. Entre-toises.

4. Bloquets.

5. Solives.

6. Entrait.

7. Petit entrait.

8. Entre-toises du faîte.

9. Liens, liens en contrefiches.

10. Esselier ou gousset.

11. Jambette.

12. Coyaux, bout de chevron pour mieux détourner l'eau.

13. Coyers, support des noues.

14. Embranchemens.

15. Chevrons de croupe.

16. Empanons, chevrons raccour-
cis.

17. Coyaux.

18. Arrêtiers, pièces aux angles
des couvertures.

19. Pannes.

20. Tasseaux.

21. Echantignolles.

22. Faîte.

23. Sous-faîte.

24. Liernes, appuis d'un galetas.

25. Linçoirs, traverses qui main-
tiennent les chevrons aux lucarnes
et contre les tuyaux de cheminée.

26. Enchevêtrure de cheminée.

27. Chevêtre au passage du tuyau.

28. Enrayure, concours de plusieurs pièces vers une seule.

29. Joint carré.

30. About d'un lien.

31. Mortaise.

32. Tenon.

A
B
C
Les Combles

33. Tenon à tournices.

34. Tenon à mordant.

35. Renfort ou talon.

36. Epaulement du tenon.

37. Décolement.

38. Embrevement.

PLANCHE 2. *Les combles, la sonnette.*

A Comble en pignon, ou couverture garnie de lattes pour la tuile ordinaire.

1. Tuile faîtière, pour terminer le toit.

2. Pureau, ce qui paraît de la tuile en place.

3. Lucarne damoiselle.

4. Tuiles plates.

5. Tuiles rondes, dont les unes se couchent sur le dos, les autres couvrent le bord des premières.

6. Tuiles en *S* à la flamande.

7. Tuiles gironnées.

8. Tuiles hachées ou arrêtiers pour les angles.

B Comble en croupe ou finissant obliquement, et couvert en tuiles flamandes.

c Comble ou toit couvert d'ardoises en pavillon.

1. Enfaîtement.

2. Poinçon garni d'un vase.

3. Bourseau ou moulure en plomb.

4. Membron.

5. Basque, pièce de plomb pour couvrir l'arrêtier.

6. Lucarne flamande.

7. Lucarne ronde.

8. Noquet, petit écoulement.

9. Chêneau à godet, canal conduisant à une gouttière.

10. Godet.

11. Chêneaux à bavette pour couvrir les crochets.

12. Crochets des enfaîtemens et des chêneaux.

La Sonnette.

13. Cuvette carrée.

14. Descente.

15. Gâche, cercle qui embrasse le tuyau de plomb.

16. Cuvette en entonnoir.

17. Fer à cuvette.

D Comble coupé en mansarde.

1. Brisis ou toit brisé.

E La sonnette à piloter.

1. Sole.

2. Fourchette.

3. Montans.

4. Mouton, grosse masse de bois très-dur, ou de fer.

5. Bras ou liens.

6. Rancher avec ses chevilles, pour servir d'échelle.

7. Jambette.

8. Poulies.

9. Cordes et cordons.

10. Le pieu ou pilotis à enfoncer. Plusieurs hommes se mettent après ces cordes, et soulèvent le mouton,

qu'ils laissent retomber sur la tête
du pilotis. Ils partent tous ensemble
au même signal, et à un autre ils
cessent tous de tirer les cordons.

ART DE L'ARCHITECTE.

VOULEZ-VOUS, mes enfans, vous
faire une idée juste des merveilles de
l'architecture ? jetez les yeux sur ces
temples magnifiques élevés en l'honneur de la Divinité, sur ces palais
superbes qui servent d'habitation aux
rois, sur ces belles fontaines qui
font l'ornement des cités, sur ces édifices innombrables dont tant de villes
se composent, sur ces places publiques au milieu desquelles circulent
tant de personnes de tout sexe et de
tout âge : tous ces monumens, qui

font tant d'honneur à l'industrie humaine, sont l'ouvrage de l'architecte qui les a conçus et dirigés.

On appelle *architecte* celui qui donne les plans et les dessins d'un bâtiment, qui conduit l'ouvrage, et qui commande aux maçons, charpentiers, couvreurs et autres ouvriers qui travaillent sous lui. L'architecte bâtit sans sortir de son cabinet, ou si de temps à autre il se transporte sur le terrain, il n'y manie point la truelle, il n'y dégrossit rien au ciseau ; à le voir, promenant tranquillement ses yeux sur un grand atelier, on croirait cet homme desœuvré, et il fait tout : c'est une tête qui dirige une infinité de bras.

L'appareilleur qui marque les pierres de mise, et qui distribue les patrons pour en régler la mesure et la coupe ; le *scieur* qui débite les gros blocs en diverses lames ; le *tailleur* qui mène

son maillet et son ciseau sur les lignes
qu'on lui a tracées ; le *hallebardier*
qui , avec le simple apprêt d'un lévier
et de deux rouleaux , fait arriver la
plus lourde masse sur le chantier ; le
bardeur , qui en arboutant de ses
épaules contre d'autres , aide à voiturer sur le *bar* (1) la pièce taillée ,
ou qui la charie sur le *binard* (2) jusqu'au pied des engins , préparés pour
la guinder au lieu de son assise ; le
poseur qui sait donner à cette pierre
son aplomb par l'obéissance du ciment encore humide ; l'*aide-maçon*
qui corroie le mortier ou qui gâche
le plâtre ; le *goujat* qui porte l'*oiseau* :
ces ouvriers , et bien d'autres qui mon-
trent le plus d'activité , ignorent ou
négligent de considérer quel effet pro-

-----

(1) Grosse civière à quatre ou à six.
(2) Petite voiture traînée par sept ou huit
hommes.

duira la pièce qu'ils conduisent. On
ne voit que confusion dans leurs mouvemens ; ce sont tous travaux dis-
persés çà et là sans ordre et sans
beauté. Les ouvriers qui couvrent la
plaine travaillent pour ainsi dire à
l'aveugle, et ressemblent à leur truelle
ou à leur marteau. Un seul homme qui
commande tant d'actions différentes,
y voit du sens et des rapports ; il con-
gédie enfin tout son monde, et ce qui
n'était qu'une idée renfermée dans sa
tête, est devenu, pour le commun
usage, une magnifique réalité.

Un bon architecte est un homme
qui, sans compter les connaissances
générales qu'il est obligé d'acquérir,
doit posséder bien des talens ; il doit
faire son étude principale du dessin
comme l'âme des productions, des
mathématiques comme le seul moyen
de régler l'esprit et de conduire la
main dans ses différentes opérations,

de la coupe des pierres comme la base de toute la main-d'œuvre d'un bâtiment, de la perspective pour acquérir la connaissance des différens points d'optique, et des plus valeurs qu'il est obligé de donner aux hauteurs de la décoration, qui ne peuvent pas être aperçues d'en bas. Il doit joindre à ces talens des dispositions naturelles, l'intelligence, le goût, le feu et l'invention. C'est, sans contredit, par le secours de ces connaissances diverses que les Desbrosses, les Mercier, les Dorbet, les Perrault et les Mansard ont mis le sceau de l'immortalité à leurs ouvrages dans la construction de Hôtel-des-Invalides, du Val-de-Grâce, du château de Versailles, des Quatre-Nations, du Luxembourg et du péristyle du Louvre.

Les anciens auteurs prétendent que les Egyptiens furent les premiers qui élevèrent des bâtimens symétriques et proportionnés ; mais comme les règles de leur architecture ne sont pas pervenues jusqu'à nous , qu'il ne nous reste de leurs édifices qu'une architecture solide et colossale , telle que ces fameuses pyramides qui , depuis tant de siècles , ont triomphé des injures du temps , on leur préfère les anciens Grecs , dont nous tenons les ordres *dorique* , *ionique* et *corinthien*. Après eux les Romains inventèrent le *toscan* et le *composite* , qui ne sont qu'une imitation imparfaite des trois premiers ordres ; mais que nous employons cependant avec avantage dans nos bâtimens.

Ces cinq ordres sont si heureusement combinés dans leurs proportions , et il résulte de leur emploi symétrique des beautés si parfaites , que malgré les occasions qu'ont eues nos plus habiles architectes d'exercer leurs talens , ils n'ont jamais pu parvenir à composer de nouveaux ordres qui ayent approché de ceux des Grecs et des Romains.

L'architecture se ressentit , comme tous les autres arts , de la chute de l'empire d'occident : elle tomba dans un oubli dont elle ne s'est relevée que plusieurs siècles après. Pendant ce temps d'ignorance où les sciences et les beaux-arts furent comme anéantis, dans le cinquième siècle , les Visigots détruisirent les plus beaux monumens de l'antiquité , et l'architecture fut réduite à un tel excès de barbarie , qu'on négligea la justesse de ses proportions et la correction du dessin , dans lesquels consiste tout le mérite de cet art.

L'abus des principales règles de l'architecture , fit naître une nouvelle méthode de bâtir , que l'on nomma *l'architecture gothique* , et qui a subsisté jusqu'à Charlemagne, qui entreprit de rétablir celle des anciens. Hugues Capet, et Robert son fils, qui avaient du goût pour cet art, encouragèrent les artistes français. L'architecture changea insensiblement de face ; mais de grossière que le goût gothique l'avait rendue, on la porta à un excès opposé en la faisant trop légère. Les architectes du treizième et quatorzième siècle, qui avaient quelque connaissance de la sculpture, ne faisaient consister la perfection de leurs ouvrages que dans la délicatesse et la multitude des ornemens qu'ils entassaient avec beaucoup de travail et de soin, quoique souvent d'une manière fort capricieuse.

Ils furent redevables de ce goût aux Arabes et aux Maures, qui, de leurs pays méridionaux, l'introduisirent en France, comme les Vandales et

les Goths y avaient apporté du nord
le pesant goût gothique.

C'est à la sagacité et à l'application
des architectes de France et d'Italie ,
des deux derniers siècles , que l'architecture doit le recouvrement de sa
première simplicité , de sa beauté et
de ses proportions.

Les principales connaissances d'un
architecte consistent dans la matière ,
la forme , la proportion , la distribution et la décoration des bâtimens.
Les Grecs , les Romains , les Italiens
et les Français se sont distingués en
écrivant sur ce sujet : nos architectes
ne sauraient trop les consulter.

On distingue ordinairement trois espèces d'architecture ; la *civile* , qu'on
nomme simplement architecture ; la
militaire et la *navale*.

On entend , par *architecture civile* ,
l'art de composer et de construire les

bâtimens pour la commodité et les différens usages de la vie ; tels sont les édifices sacrés , les palais des rois et les maisons des particuliers , aussi bien que les ponts , places publiques , théâtres , arcs de triomphe.

On entend , par *architecture militaire* , l'art de fortifier les places , en les garantissant par des constructions solides et bien disposées contre l'effort des bombes , du boulet , etc. C'est ce genre de construction qu'on appelle *fortifications*.

On entend , par *architecture navale* , celle qui a pour objet la construction des vaisseaux , des galères , et généralement de tous les bâtimens flottans ; aussi bien que celle des ports , môles , jetées , corderies , magasins , et autres bâtimens érigés sur les bords de la mer.

ART DU MAÇON.

Quoique le maçon n'ait pas besoin d'un génie aussi étendu que l'architecte, c'est en son genre un homme très-important. S'il veut être docile, et laisser à d'autres le soin des distributions et des ornemens, il peut se faire un nom et une fortune, en se piquant surtout de deux points dans sa façon de maçonner, je veux dire, d'une solidité à toute épreuve, et d'une parfaite connaissance, soit du terrain où il bâtit, soit des matériaux que le pays lui donne.

Les maçons manouvriers et journaliers sont de deux sortes, les uns qui ne travaillent qu'en plâtre, et les autres qui emploient le mortier et la terre : ces derniers s'appellent , en beaucoup d'endroits , *Limousins* du nom d'une province de France d'où il en sort chaque année un grand nombre qui se répandent dans tous les ateliers du royaume , et particulièrement dans ceux de Paris. Les maçons manouvriers , ou *compagnons maçons* , ont sous eux pour les servir des garçons qui portent le nom de *manœuvres*.

Toutes les espèces de maçonnerie en usage présentement dans les bâtimens , se réduisent à cinq ; savoir , la *maçonnerie en liaison* , celle de *brique* , celle de *moëlon* , le *limosinage* et le *blocage*.

La maçonnerie de *blocage* est la moindre de toutes ; elle se fait de pierrailles et de mortier. Le *limosinage* se fait avec du moëlon sans parement , c'est-à-dire, du moëlon brut. L'*ouvrage de moëlon* est celui où l'on emploie des moëlons d'appareil, bien équarrés, posés de niveau, et piqués en parement. L'*ouvrage de brique* se fait avec de la brique cuite, posée en liaison, et proprement jointe avec du plâtre ou avec de la chaux. Enfin, la *maçonnerie en liaison*, qui est la meilleure de toutes, est celle qui est construite de carreaux, c'est-à-dire, de pierres de taille et de boutisses de pierres posées en recouvrement les unes sur les autres.

La bonté des ouvrages de maçonnerie dépend beaucoup de la façon de gâcher le plâtre, suivant l'usage pour lequel on le destine, et de la manière de faire éteindre la chaux à propos, de choisir un bon sable, et de bien les incorporer ensemble.

Les maçons achètent le plâtre tout brut et grossier. Quand il est arrivé à l'atelier on le *coule au crible*, c'est-à-dire, qu'on le passe au travers d'un instrument fait d'un cercle de bois large à discrétion, au milieu duquel sont placées plusieurs petites baguettes de distance en distance. Au sortir du crible on le coule au *sas*, qui est un tamis de crin de forme ronde ou ovale ; pour lors le plâtre est en état d'être gâché. On prend ensuite les parties grossières qui sont restées dans le crible , et on les réduit en poudre ; mais on n'emploie ce plâtre , qui est d'une qualité inférieure , que pour les gros ouvrages.

Pour gâcher , on approche l'auge auprès du plâtre qu'on veut employer; on met dans l'auge une quantité d'eau proportionnée à celle du plâtre ; on le prend au tas avec une pelle , et on le met dans l'eau contenue dans l'auge , en remuant continuellement le manche de la pelle pour que le plâtre ne tombe pas en masse dans l'auge. Si on le veut *gâché serré*, c'est-à-dire épais, il faut, quand il est gâché, qu'il ne paraisse point d'eau au-dessus ; si au contraire on veut que le plâtre soit gâché clair, il faut qu'il nage pour ainsi dire dans l'eau, afin qu'on ait le temps de l'employer avant qu'il s'épaississe.

Ce sont ordinairement les *manœuvres* qui sont chargés du soin de gâcher le plâtre et de le porter aux compagnons qui le remuent, avant de s'en servir, avec leur truelle pour le *couder*, c'est-à-dire, pour le bien lier ensemble.

L'emploi des maçons est de faire dans les bâtimens tout ce qui concerne la maçonnerie, comme de construire les murs et murailles, les élever jusqu'à l'entablement, les crépir et enduire, y employer moëlons, briques et plâtres, faire les entre-voûtes et aires des planchers, conduire les tuyaux de cheminée et ceux des siéges d'aisance, faire les cloisons, lambris et corniches , et quantité d'autres choses où l'on emploie le mortier et le plâtre.

ART DU TAILLEUR DE PIERRES.

Avez-vous vu quelquefois , mes enfans , ces blocs de pierre informes que l'on tire du fond des carrières ? Le ciseau de l'homme les dégrossit , les taille, et leur fait prendre , avec une facilité merveilleuse, la forme qu'on veut leur donner. Le *tailleur de pierres* est l'ouvrier robuste et vigoureux qui dresse une pierre, et la façonne après que l'appareilleur la lui a tracée, ou qu'il l'a tracée lui-même

3.

3

sur les dessins , cartons et panneaux qu'on lui a fournis.

L'ouvrier qui veut tailler une pierre informe , commence par faire le *lit* de dessus la pierre. On entend par faire le lit de la pierre , l'unir à coups de marteau ; et le *dessus* est le côté de la pierre qui ne porte point dans la carrière.

Le tailleur de pierres se sert de deux marteaux , l'un appelé *pioche* , et l'autre *marteau bertelé*. Le fer de la pioche a deux côtés , et chaque extrémité de cette pioche est pointue. Le marteau bertelé, au contraire, a une extrémité tranchante , et l'autre dentelée comme un peigne. La pioche sert à dégrossir l'ouvrage , et le marteau bertelé à le perfectionner.

Quand le lit est formé , l'appareilleur trace la pierre , suivant l'emplacement qui lui est destiné ; ensuite le tailleur de pierres prend , avec l'équerre, le maigre de la pierre sur les paremens, c'est-à-dire, sur les quatre faces. *Prendre le maigre de la pierre*, c'est tracer tout autour et sur les bords de la pierre une raie qui doit diriger l'ouvrier dans sa taille, et qu'il a soin de tracer plus ou moins avant, pour éviter les trous ou défauts qui se trouvent quelquefois dans les paremens.

La pierre étant dans cette disposition, l'ouvrier la taille en commençant avec un ciseau et un maillet, pour former plus nettement les arêtes aux bords de la pierre ; ensuite il fait des *plomées*, c'est-à-dire, qu'il taille les paremens jusqu'au milieu. Il retourne ensuite la pierre, met le lit de dessous dessus, et celui de dessus dessous ; il taille les paremens en commençant par le lit de dessous, fait des *plomées* également jusqu'à l'endroit où il était resté en commençant par le lit de dessus , et avec le marteau à *berteler* il achève d'équarrir et d'unir les paremens de sa pierre.

Si l'on taillait tout d'un coup la pierre , en commençant par le lit de dessus , on risquerait de l'endommager ; c'est ce qui a fait prendre la précaution de tailler en deux fois.

La pierre , entièrement perfectionnée , est livrée entre les mains du poseur chargé de la mettre en place.

ART DU MARBRIER.

En jetant les yeux sur ces belles cheminées de marbre qui ornent nos appartemens, avez-vous jamais pensé, mes enfans, aux travaux des ouvriers qui ont arraché cette pierre du sein des montagnes dans les pays où elle se trouve, qui l'ont taillée, et lui ont donné un si beau poli, malgré sa dureté, qui est passée en proverbe ?

Le marbre est une pierre dure qui a ordinairement des veines et des taches de diverses couleurs ; plus ces taches sont vives et agréablement diversifiées, plus les marbres sont précieux et chers. Leur prix dépend encore de leur dureté et de leur facilité à recevoir un beau poli. Il y a

3*

néanmoins des marbres tout d'une couleur, blancs ou noirs, et ce ne sont pas les moins beaux.

C'est le marbre blanc que l'on emploie pour les ouvrages de sculpture. Celui de l'île de *Paros* était renommé chez les anciens par sa blancheur éclatante et par sa dureté. Les plus belles statues de l'antiquité ont été faites de ce marbre, qui a une certaine transparence. C'est du territoire de Gênes que l'on tire présentement le plus beau marbre blanc dont on fasse usage pour la sculpture.

On a donné divers noms aux diverses espèces de marbres, suivant leur couleur. Le *marbre brèche, de Véronne*, est de couleur rouge pâle, mêlé de jaune, de noir et de bleu. Le *vert de Suze* a des marques vertes et noires qui se détachent sur un fond blanc. La *brocatelle* est un marbre nuancé d'un grand nombre des plus

belles couleurs , ce qui le fait res-
sembler à l'étoffe nommée *brocard* ,
dont il a pris son nom. Le *narbonne*
à des taches jaunes et blanches sur un
fond violet. Le *vert campan* , outre
le vert , offre du blanc et différentes
teintes rouges. Le *bleu turquin* se
trouve en Languedoc , ainsi que
celui qui est d'un blanc mêlé d'in-
carnat , dont la carrière est réservée
pour le roi : il y a dans le même pays
du marbre jaune et gris jaspé ; le *cer-
velas* , taché de rouge , de jaune et
de bleu ; le *serancolin* , de couleur
isabelle , rouge et agate. La Provence
donne un beau *portor* (ainsi nommé,
parce qu'il semble porter de l'or) ; il
est d'un jaune et d'un noir très-vifs.
On trouve à Florence un marbre fi-
guré , où il semble que l'on aper-
çoive des châteaux , des tours , des
arbres : enfin, il y a dans les marbres
des variétés à l'infini.

On tire le marbre des carrières où la nature le produit, comme les autres espèces de pierres. En Italie, pour les détacher de la montagne, on trace les pièces tout à l'entour avec des outils d'acier faits en pointe, et on les sépare ensuite avec des coins qu'on enfonce à coups de masse. En France on a trouvé le moyen de les scier dans la carrière, et sur le rocher même, avec des scies de fer sans dents, dont quelques-unes ont près de vingt-cinq pieds de longueur.

Les marbres d'Egypte et de Grèce ont toujours été en plus grande réputation qu'aucun autre ; mais aujourd'hui, quoique les connaisseurs en fassent toujours la même estime, ils ne sont presque plus d'usage, et à peine sont-ils connus d'un petit nombre de curieux, qui conservent dans leurs cabinets quelques ouvrages antiques qui en sont faits, ou qui vont les admirer et les chercher dans les ruines de l'ancienne Rome, et des autres villes de l'Italie, de la Grèce et de l'Egypte.

Les principaux de ces marbres anciens sont le *porphyre*, l'*ophis* ou *serpentin*, le *parangon* ou *pierre de touche*, les *sélénites* ou *marbres transparents*, les différentes espèces de *granits*, et cet admirable marbre de *Paros*, si renommé par sa blancheur, et si propre à la taille de ces belles statues qui ont fait tant d'honneur aux statuaires grecs.

Les marbres dont on se sert présentement, soit pour la sculpture des statues, des bustes et des bas-reliefs, soit pour les ornemens d'architecture, sont ceux d'Italie, d'Espagne, de quelques endroits de Flandre, de l'évêché de Liége, et de plusieurs provinces de France.

Le marbre étant arrivé à l'atelier,

se scie de l'épaisseur qu'on désire. La scie des marbriers est sans dents ; la feuille en est fort large et assez ferme pour scier le marbre , en l'usant peu à peu par le moyen du grès et de l'eau que le scieur y met avec une longue cuiller de fer.

Une fois que le marbre est scié on le travaille avec divers ciseaux destinés à cet usage , et on y forme, avec les mêmes outils , les moulures et les différens dessins que l'ouvrage exige , ou que le goût de l'ouvrier peut lui suggérer.

Pour polir le marbre on y passe du grès en poudre , humecté avec de l'eau , et on le frotte avec une pierre aussi de grès , jusqu'à ce que les ondes qui se trouvent sur les paremens unis , comme sur les dessus de table et autres , soient disparues : si ce sont des moulures , on se sert d'une pierre de grès qui leur soit conforme , et on les frotte de même jusqu'à ce qu'elles soient bien correctes et que la taille en soit mangée.

Après cela on se sert , pour frotter le marbre , de la terre des plats dont la cuisson a été manquée au four des potiers de terre , et que les marbriers appellent *rabat*. Cette opération adoucit le marbre , et le dispose à recevoir un autre poli , au moyen de l'eau et de la pierre ponce , avec laquelle on le frotte jusqu'à ce qu'il n'y paraisse ni raies , ni ondes , ni aucun autre défaut.

ART DU CHAUFOURNIER.

Venez, mes enfans, allons voir d'où provient cette fumée épaisse et blanchâtre qui s'élève du sein de la plaine, comme un brouillard du matin ;... mais à l'odeur suffoquante que cette fumée exhale, je devine ce qui la produit : c'est un *four à chaux* que nous voyons fumer. Le chaufournier se voue à un état pénible pour préparer la chaux vive, qui, par le mélange de l'eau et du sable ou du ciment, forme le mortier si nécessaire à la construction de nos bâtimens.

La chaux vive est une pierre calcaire qu'on a calcinée en la faisant brûler ou cuire à grand feu dans une

Le Chaufournier.

Le Plâtrier.

Le Couvreur.

Le Tuilier-Briquetier.

espèce de four bâti exprès. La propriété qu'a le mortier de se durcir
beaucoup et de devenir à la longue
impénétrable à l'eau, lorsqu'une fois
il a pris de la consistance, le rend
très-utile pour consolider et unir ensemble les pierres des édifices : voilà
pourquoi la chaux vive est si précieuse ; heureusement elle est assez
généralement répandue.

Quand on s'est assuré de la présence des pierres calcaires dans une
contrée, on songe à y construire des
fours à chaux. Les fondemens en
doivent être solides, et les murs qui
constituent la *tourrelle* ou le *four*
assez épais pour résister à l'action
du feu.

On doit avoir attention de ne
chauffer le fourneau que par degrés,
parce que si les pierres étaient sur-
prises d'un feu trop vif, plusieurs se
briseraient, et la voûte pourrait

3.   4

s'écrouler , au lieu qu'un feu modéré les fait suer doucement et jeter toute leur humidité sans accident.

Il y a deux espèces de fours à chaux, les uns sont à grande et vive flamme , où l'on brûle du bois , des bourrées de bruyère , de genêts , de la paille , du chaume , etc. Les autres ont un feu modéré et moins flambant , qu'on entretient avec de la tourbe , de la houille , et toute autre espèce de charbon fossile entremêlé par couches avec les pierres.

Dans les fours à grande flamme , l'habileté du chaufournier consiste à savoir soutenir son bois de façon que le courant d'air passe par-dessous ; à augmenter ou ralentir à propos le dégré de chaleur , jusqu'à lui faire consumer la valeur de six cordes le second jour , et de n'en mettre que quatre le troisième, en allant ainsi en diminuant jusqu'au dernier jour , et ayant soin , à chaque fois qu'il met du bois dans le fourneau , d'en fermer la bouche pour que trop d'air ne le refroidisse pas.

On connaît que la chaux est faite quand il s'élève au-dessus du débouchement de la plate-forme , un cône de feu de dix pieds de haut environ, vif , et sans presque aucun mélange de fumée , et lorsqu'en examinant les pierres on les trouve d'une blancheur éclatante.

Pour lors on laisse éteindre le four ; on monte pour cet effet sur la plate-forme ; on étend des gaules sur le débouchement , et on répand sur ces gaules quelques bourrées. Quand le four est froid , on en retire la chaux ; on la met dans des tonneaux sous une voûte contiguë au four. Si elle venait à être mouillée par la pluie ou autrement , elle incendierait les matières combustibles qui seraient dans son voisinage. On la transporte ensuite, par charrois ou par eau, aux lieux de sa destination.

Les qualités essentielles de la chaux sont d'être pesante, qu'elle sonne comme un pot de terre cuite, et qu'en la détrempant avec de l'eau, la fumée qui s'en exhale soit épaisse, et s'élève en haut avec promptitude. On a tout lieu de penser que ce phénomène singulier d'effervescence que présente la chaux, ne dépend que de ce que la pierre à chaux, dans sa calcination, a perdu l'eau qu'elle contenait, et qu'elle s'en saisit avidement lorsqu'on vient à l'éteindre en la mêlant avec de l'eau, d'où naît nécessairement la chaleur.

ART DU PLATRIER.

Tandis que le chaufournier calcine la pierre calcaire et prépare la chaux qui sert à composer le mortier, un ouvrier, non moins laborieux, calcine dans un autre four une autre pierre qu'on nomme *gypse*, et prépare le *plâtre*, dont vous connaissez l'usage.

On trouve dans les carrières de Montmartre, près Paris, la pierre à plâtre sous deux formes différentes. L'une est disposée en lames menues, transparentes, appliquées les unes sur les autres : c'est ce que l'on nomme *gypse* ; le vulgaire le nomme *talc* ; l'autre est en masses irrégulières, et formant des pierres plus ou moins

grosses : c'est celle-là qui porte particulièrement le nom de *pierre à plâtre*.
L'une et l'autre sont absolument de
même nature ; ce sont deux *gypses*
avec lesquels on fait du plâtre également bon ; mais les plâtriers ne se
servent pas ordinairement du gypse
transparent pour faire le plâtre, parce
qu'ils ont remarqué qu'il est dur à
cuire, et qu'il dépense plus de bois,
quoiqu'il soit essentiellement aussi
bon.

Lorsque le gypse est calciné, pul-
vérisé et mouillé, il acquiert la consistance d'une pierre, et porte le nom
de *plâtre*. Dès qu'on l'a employé, il
ne se décompose point à l'air, ni ne
se réduit en poussière, et on ne peut
ni le calciner de nouveau, ni le ra-
mollir avec de l'eau. On s'en sert pour
crépir les appartemens et modeler les
statues ; on l'emploie aussi dans la
peinture en pastel et en détrempe.

Ce que l'on nomme *plâtre cru*, est la pierre à plâtre qui n'a point été calcinée.

Le *plâtre cuit* est celui que le plâtrier a mis au feu, et calciné dans un four, qu'il a ensuite battu et réduit en poudre, et qui sert de liaison, et comme de ciment dans les bâtimens. C'est ce plâtre qui, bien tamisé et réduit en poudre impalpable, sert aux ornemens de maçonnerie et d'architecture.

On distingue encore le plâtre en *plâtre blanc* et en *plâtre gris*. Le *plâtre blanc* est celui qui a été *rablé*, ou dont on a ôté le charbon dans la plâtrière. Le *plâtre gris* est celui dont on n'a rien ôté. On donne aussi le nom de *plâtre gras* à celui qui étant cuit à propos, prend mieux, fait une meilleure liaison, et durcit plus aisément.

Tout le monde connaît la propriété singulière qu'a le plâtre de se durcir, et d'acquérir beaucoup de corps après qu'il a été délayé dans l'eau : c'est cette propriété qui le rend d'un grand service dans la maçonnerie.

ART DU COUVREUR.

C'est un art qui exige une grande attention , que celui de couvrir une maison , quelle que soit la matière que l'on emploie pour la mettre à l'abri des injures de l'air. Celui qui l'exerce doit réunir l'adresse à l'intelligence ; en effet , le peu de soin d'un ouvrier occasionnerait la ruine de la maison la plus solide , et la rendrait bientôt inhabitable par la pourriture des charpentes et la dégradation des murailles.

Les couvertures des maisons sont

ordinairement faites de chaume dans les hameaux , et de tuiles ou d'ardoises dans les villes.

Quand on veut employer le chaume pour en faire une couverture solide , on recommande aux moissonneurs de couper les fromens un peu haut pour qu'il reste une plus grande longueur de paille sur la terre. Mieux la paille est nourrie , plus elle a de consistance , et plus le chaume est propre à faire une bonne couverture. Je consacre un article particulier au *tuilier*, et un autre à l'*ardoisier*, afin de faire mieux connaître les couvertures en tuile , et celles qui se font en ardoise.

La couverture de *bardeau* , ou de petites planches refendues , de douze à quatorze pouces de longueur sur différentes largeurs , et de cinq à six lignes d'épaisseur , est très-propre , très-légère , résiste mieux aux coups de vent que l'ardoise ; on s'en sert même quelquefois pour couvrir des flèches de clochers et des moulins.

Les couvreurs qui travaillent sur la rue , sont tenus de mettre des *défenses* pour avertir les passans.

Des paveurs en ce lieu me bouchent le passage ,
Là je trouve une croix, de sinistre présage ;
Et des couvreurs grimpés au toit d'une maison,
En font tomber l'ardoise et la tuile à foison.

ART DU TUILIER-BRIQUETIER.

L'ART de faire de la brique et des tuiles, remonte à la plus haute antiquité. L'histoire sainte et l'histoire profane l'attestent également. On a dû remarquer de bonne heure que la bâtisse en briques est de longue durée, et qu'elle a sur la bâtisse en bois l'avantage de résister au feu. De plus, elle est pour ainsi dire de tous les pays ; au lieu que la pierre, surtout la pierre de taille, est rare dans bien des cantons.

Le choix d'une bonne terre, sa préparation, sa cuisson parfaite, sont des articles très-essentiels pour faire des briques dont on puisse tirer toute l'utilité qu'on doit en attendre.

La terre à brique et à tuile en général, est de l'argile. Il ne faut pas
qu'elle soit trop séche, trop sableuse ;
il ne faut pas non plus qu'elle soit
trop savonneuse, trop forte. Pour la
bien connaître, il faut l'essayer.

Au reste, quand le choix de la
terre est fait avec attention, il faut
encore la bien *corroyer*, c'est-à-dire,
la préparer.

On peut distinguer en trois temps
différens, les préparations que reçoit
la terre à briques avant sa cuisson :
1° Avant qu'elle entre en moule ;
2° le temps de mouler ; 3° le temps
de la faire sécher. Il faut pour cela
tirer la terre, la *détremper* et la *battre*.

Il est essentiel de tirer la terre à
la fin de l'automne, et de la laisser
passer l'hiver exposée aux gelées,
aux dégels et aux pluies. Les grumeaux
et les mollécules de cette terre, nouvel-
lement remuée, se fondent, et la terre

se dispose au mélange et à l'uniformité qu'on y désire.

Après l'hiver, la terre, déjà hu-
mectée et pourrie, comme disent les
briquetiers, est devenue plus facile
à détremper. Alors on en forme des
tas de six à huit pouces d'épaisseur,
sur une base à peu près circulaire de
sept à huit pieds de diamètre. On
l'arrose de beaucoup d'eau. On l'é-
miette avec une houe, et on la pétrit
avec les pieds. Cette manœuvre se
repète plusieurs fois, et à différens
temps, en observant de changer la
terre de place, à chaque fois qu'on
la remue et qu'on la bat; et on finit
par donner à ces tas une forme co-
nique. Le lendemain, de grand matin,
on remue encore cette terre pendant
une demi-heure environ, après quoi
elle est en état d'être employée par
le mouleur.

Ce dernier, quand il est habile

ouvrier, et que sa main est exercée
par la pratique , fait ordinairement ,
dans sa journée , neuf à dix milliers
de briques. Si le temps est beau , et
qu'il fasse du soleil , il ne faut guère
plus de dix heures à ces briques, ran-
gées à plat sur le sable , pour se res-
suyer et prendre consistance, au point
de pouvoir être maniées sans se dé-
former. Il faut éviter une dessication
trop précipitée.

Lorsque les doigts ne s'impriment
plus dans les briques , le *metteur en
haie* peut commencer son travail , en
les transportant et les rangeant sur
des haies. Les *haies* sont des espèces
de murailles auxquelles on ne donne
guère que quatre briques d'épaisseur.
Pour qu'elles puissent se soutenir
sans accident sur la hauteur de cinq
pieds , on observe d'en construire
les extrémités un peu plus solide-
ment que le reste, et de maintenir

la haie bien à-plomb sur toute sa longueur.

La haie se trouve ordinairement divisée en autant de feuilles qu'elle a de briques d'épaisseur ; cependant il faut prendre garde de ne pas trop multiplier les feuilles : l'action du soleil ne pourrait pas pénétrer une si grande épaisseur, et l'air qui circule entre les joints, ne ferait que renvoyer l'humidité d'une brique à l'autre, ce qui retarderait beaucoup la dessication entière.

Il faut avoir soin aussi de couvrir totalement avec des paillassons, les haies pendant la nuit, et toutes les fois qu'on prévoit la pluie, qui causerait un grand désordre dans les briques.

S'il est très-essentiel de bien *corroyer* la terre dont on veut faire la brique, il ne l'est pas moins que cette brique soit bien cuite. Le feu est l'agent principal qui en unit les parties. Ce dernier article est donc très-important, et c'est peut-être par cette raison qu'on appelle *briqueteurs*, les ouvriers qui enfournent et font cuire la brique.

Jusqu'ici l'on a fait inutilement des observations sur les anciens édifices, pour savoir à quel degré de cuisson avaient été portées les briques qui se sont liées avec le mortier, et si des briques peu cuites ne s'y seraient pas durcies avec le temps, ou enfin s'il n'y aurait pas quelque action réciproque entre la concrétion des mortiers bien conditionnés, et les matières plus ou moins solides dont ils se saisissent. Au défaut de ces lumières, on peut dire que le juste degré de cuisson qui convient à ces matériaux factices, est celui qui résulte de la plus grande chaleur qu'ils puissent soutenir sans se vitrifier.

Le caractère de la meilleure brique est d'être très-dure et sonore, sans être brûlée. Les briques brûlées ressemblent plus ou moins à du mâchefer, ou aux scories des métaux. Elles sont luisantes dans toute leur cassure, et donnent du feu sous les coups du briquet. Elles ne laissent pas d'être bonnes dans les constructions, mais il ne faut pas les placer aux paremens des édifices. On juge, au contraire, que celles qui s'écrasent facilement sous le marteau, et qui rendent un bruit sourd quand on les frappe, sont trop peu cuites.

Il est très-essentiel que la brique soit mouillée au sortir du fourneau : quand elle ne l'a pas été, elle aspire l'humidité du mortier, qui alors ne prend point corps, et tombe en poussière.

La tuile est d'un usage encore plus étendu que la brique : elle se supplée moins facilement. La couverture en tuile est solide et propre : elle ne le cède qu'à l'ardoise, mais elle a sur elle cet avantage qu'elle ne se tire pas de carrières. La tuile est de tous les pays puisqu'elle est factice. D'ailleurs elle est bien moins coûteuse que l'ardoise.

La tuile se fait, ainsi que la brique, avec de l'argile bien choisie et bien préparée : on la moule ensuite, et c'est principalement en ceci qu'elle diffère de la brique.

Il y a des tuiles de différentes formes. Les *tuiles plates* ont la forme d'un carré long. Elles sont un peu courbées dans le sens de leur longueur, afin qu'étant mises en place sur les bâtimens, le bout de chaque tuile joigne plus exactement sur la face supérieure de celle au-dessus de laquelle elle est placée. Elles ont au bout d'en haut de leur surface de

dessous un crochet pour les tenir à
la latte.

Les *tuiles creuses* ont à peu près
la figure des faîtières qui servent à
couvrir l'arête ou le faîte des bâtimens, excepté qu'elles sont plus
larges par un bout que par l'autre.
On en fait grand usage dans les provinces maritimes. Elles ne conviennent qu'aux toits presque plats, par
la raison qu'elles ne sont soutenues
que par leur propre poids. Mais il
s'amasse beaucoup de neige sur ces
toits plats et dans les tuiles creuses,
et quand cette neige fond, l'eau
pénètre entre les intervalles. Ces
sortes de tuiles ne font jamais une
couverture aussi propre que les tuiles plates. Au reste, plus les toits
sont plats, plus la charpente souffre,
aussi cette espèce de tuile n'est-elle
communément en usage que dans
les pays où l'on redoute de fréquens

ouragans , auxquels des toits plus relevés donneraient trop de prise.

Dans quelques provinces on fait des tuiles recouvertes d'un vernis , comme la poterie ; et comme on en fait de différentes couleurs , les couvreurs en forment des compartimens qui sont assez agréables à la vue.

Il y a encore d'autres tuiles qu'on appelle *gironnées* , pour couvrir les colombiers et les tours rondes. Elles sont plus étroites par un bout que par l'autre.

ART DE L'ARDOISIER.

L'ARDOISIER travaille l'ardoise brute, et en fait des lames plates et unies qui servent, au lieu de tuile ou de chaume, à la couverture des maisons. Vous avez dû remarquer cette espèce de toiture, en vous promenant aux environs de Paris. La chaumière du pauvre est couverte de chaume. Le château du seigneur est couvert d'ardoise.

Il paraît que l'ardoise n'était pas employée par les anciens à cet usage. Elle leur servait de moëlon pour la construction de leurs murs ; on s'en sert encore à cette fin dans les pays où il s'en trouve des carrières. La plus grande partie des murs d'Angers est bâtie de blocs d'ardoise , dont la couleur rend cette ville d'un aspect triste.

L'ardoise tient de la nature d'une argile pétrifiée. Elle est de couleur bleue , grise ou rousse. Tendre au sortir de la carrière , elle acquiert beaucoup de dureté après qu'elle a été exposée à l'air. Profondément enfoncée dans la terre, elle diffère de toutes les autres pierres , qui sont dans les carrières, en ce que celles-ci sont plus tendres à mesure que l'on descend plus bas , au lieu que l'ardoise est plus dure et plus sèche, à mesure qu'on creuse davantage.

Quoique la plus belle et la meilleure ardoise nous vienne d'Angers , cette pierre argilleuse n'est pas tellement propre à l'Anjou , qu'on n'en trouve beaucoup dans nos autres provinces. Charleville en fournit d'aussi bonne que celle de l'Anjou , quoiqu'elle ne soit pas aussi bleue ni aussi

noire. *Murat* et *Prunet*, en Auver-
gue, en out plusieurs carrières. On
en trouve en Flandre auprès de la
petite ville de Fumai, sur la Meuse,
au-dessus de Givet. Celle qu'on tire
des côtes de Gênes, est très-dure.
L'Angleterre en fournit de la bleue
et de la grise, sous le nom de *pierre
de horsham*, qu'on trouve communément dans le comté de Sussex.

J'en ai vu des carrières considérables en allant visiter les glaciers de
Chamouni ; mais leur éloignement et
la difficulté du transport rendent ces
carrières inexploitables.

Lorsqu'on veut ouvrir une carrière,
on commence par enlever les terres.
Il n'y a rien de fixe sur leur profondeur ; quelquefois la roche est à leur
surface, quelquefois elle en est fort
éloignée.

Indépendamment des frais considérables qu'il en coûte pour exploiter

les ardoisières, les ouvriers y courent
de très-grands dangers. Il n'arrive
que trop souvent que les *fondis* et
cabremens, ou les éboulemens des
terres, entraînent hommes, chevaux
et engins au fond de la carrière, y
écrasent et ensevelissent les malheu-
reux ouvriers. Les voies et les sources d'eau y causent quelquefois des
inondations si subites, qu'on ne peut
ni les prévoir, ni les éviter dans des
souterrains aussi profonds.

Dès qu'on a découvert quelque
veine qu'on croit abondante et de
bonne qualité, on se sert, pour l'en-
lèvement des feuilles, d'une espèce
de tourniquet, que quelques hommes font agir ; lorsque le creux est
plus profond, on emploie des chevaux pour faire mouvoir les roues
d'une machine plus compliquée et
plus forte, qui fait alternativement
monter et descendre des *bassicots* et

des seaux, les premiers pour monter l'ardoise en masse, et les autres
pour vider l'eau qui se trouve dans
les ardoisières.

Quoique la roche soit découverte et
qu'on en ait déjà tiré plusieurs belles
ardoises, on n'est pas encore sûr d'être
dédommagé de ses frais ; car souvent la première surface offre des
pièces sans défaut, tandis que l'intérieur de la carrière ne présente plus
que des *feuilletis*, ou des ardoises
qui s'effeuillent ou qui se cassent.

On fait différens ouvrages avec l'ardoise. Outre le service qu'on en tire
pour la couverture de nos édifices,
elle est propre à faire des tombes,
des tables et des carreaux d'appartemens. Les géomètres s'en servent
aussi pour tracer des figures de mathématiques, avec une pierre blanche, parce qu'en essuyant les traits avec
un linge, on les détruit aisément.

ART D'EXPLOITER LES MINES.

JAMAIS les arts n'auraient pu faire les progrès rapides et merveilleux qu'ils ont faits de siècle en siècle, et qu'ils promettent de faire encore, si l'industrie humaine, arrachant en quelque sorte à la nature ses plus intimes secrets, n'avait osé fouiller dans le sein des mines pour en enlever les métaux, cette riche conquête qui assure la puissance de l'homme, et lui fournit tous les instrumens nécessaires pour centupler sa force et lui soumettre le monde entier.

Toutes les matières minérales sont cachées dans la terre à des profondeurs différentes. L'art qui nous conduit à leur recherche, est sans doute un art

L'Art d'exploiter les mines.

L'Ardoisier.

Le Coutelier.

Le Plombier.

des plus importans, et ses travaux in-
génieux sont faits pour honorer l'esprit humain ; mais que les découvertes
ont dû être lentes et rares dans les
premiers temps de la *métallurgie !*
Les progrès qu'elle a faits ont dû suivre
d'un pas égal ceux des connaissances
physiques et chimiques, et ceux des
arts dont elle emprunte les secours,
tels que la maçonnerie dont elle a
besoin pour la construction des fourneaux, et la mécanique qui lui fournit les moyens de prévenir les éboulemens, de tirer de la terre et de
piler le minérai destiné à être fondu.

Les premiers hommes n'étant
accoutumés à aucun genre d'observations, ne se sont certainement pas
avisés de chercher dans le sein de la
terre pour y découvrir ce qu'ils ne
connaissaient pas encore : mais des
pluies, qui ont entraîné des terres de
dessus les montagnes, ont pu mettre

les mines à découvert. Ce ne peut être
que par des moyens semblables que
la nature a offert les mines à des
peuples grossiers. Mais combien de
siècles n'ont-ils pas dû s'écouler avant
qu'on fût en état de les travailler !

Ce travail même est probablement
encore dû au hasard. Quelques érup-
tions de volcans auront laissé couler
du métal fondu, et donné les premières idées d'exposer au grand feu
les matières qui parurent semblables
à celles qui se trouvaient dans le voisinage de ces volcans. Ces légères
idées de métallurgie ont dû suffire aux
premiers observateurs, pour les en-
gager à faire des recherches tendant
à perfectionner un art dont la nature
leur indique les élémens.

La découverte des métaux est donc
due probablement au hasard, mais
c'est à l'industrie et à la nécessité
qu'est due la perfection de la métal-

lurgie. Les métaux une fois décou-
verts, ont bientôt été employés dans
les arts pout fabriquer des outils, au
lieu de ceux de bois, de pierre et
d'os d'animaux ; ils ont même servi
à développer une infinité d'arts qui
n'existeraient pas sans eux.

Le travail des mines a deux objets
distincts : 1°. la recherche et la fouille
des minières ; 2°. leur exploitation,
qui doit toujours être précédée d'essais en petit pour connaître la qualité de la mine, et ce qu'elle contient
réellement de substance métallique.
On nomme cette partie *docimasie*,
docimastique, ou *l'art des essais*.

Ces essais doivent être faits avec
beaucoup d'intelligence et de fidélité,
puisque c'est d'après eux qu'on se dé-
termine à entreprendre l'exploitation.

Lorsqu'un terrain contient une mine,
il l'annonce par des signes bien carac-
térisés ; et il est quelquefois difficile

de se méprendre sur l'espèce de mi-
nerai qu'il renferme. Le terrain vrai-
ment minéral ne produit que peu ou
point de plantes ; et celles qu'il fait
végéter sont séches, faibles, languis-
santes. Les vapeurs métalliques qu'il
laisse exhaler chassent même les
animaux. On ne voit que peu ou
point d'oiseaux s'y arrêter, surtout
lorsque la mine est presque à fleur de
terre.

Les sources d'eau qui s'écoulent
d'un semblable terrain sont toujours
chargées de quelque matières minérales, et ne peuvent jamais servir de
boisson ordinaire ; souvent elles sont
pernicieuses, quoique très-claires,
et sans saveur étrangère bien sensible.
Ces eaux laissent déposer dans leurs
cours une partie de la matière miné-
rale qu'elles tenaient suspendue, ou
en dissolution. C'est en examinant la
nature de ces sédimens qu'on peut

juger de l'espèce de minéral renfermé dans le terrain d'où elles partent.

La fouille des mines consiste à tirer de la terre le minéral qu'elle renferme. Ce travail est pour l'ordinaire très-dispendieux ; il exige, pour être fait avec intelligence et économie, des connaissances particulières dans la personne qui en est chargée, afin d'attaquer la mine par l'endroit le plus favorable. Les connaissances mécaniques et de maçonnerie sont nécessaires pour échafauder à propos, et n'employer pas plus de matériaux qu'il n'en faut pour soutenir les terres et prévenir les éboulemens. Il est certain, par exemple, qu'il faut plus de charpente et de maçonnerie pour soutenir des sables que pour soutenir des terres argileuses ou un terrain pierreux. Si la mine est dans un rocher de grosse pierre, il ne faut que peu ou point d'étais , parce que cette espèce de terrain est peu sujette aux éboulemens.

Lorsqu'on entame une mine , il est assez ordinaire de rencontrer des sources d'eau. Celui qui dirige l'ouvrage doit rassembler ces eaux , et les conduire hors de la mine de la manière la plus commode , afin de prévenir les inondations qui interrompraient nécessairement le travail. On doit encore ménager , autant que cela est possible , des moyens de renouveler l'air , parce que ces sortes de souterrains métalliques exhalent ordinairement des vapeurs dangereuses, nommées *moffetes* ou *mouffetes* , qui font souvent périr les ouvriers lorsqu'on n'apporte pas les précautions nécessaires pour prévenir ces accidens. D'habiles physiciens ont inventé , pour cet usage, différens ventilateurs qu'on peut employer , et qu'on emploie tous les jours avec beaucoup de succès.

Quand on ouvre une mine , on apperçoit , au premier coup-d'œil , le minéral comme dispersé et confondu avec les matières pierreuses et terreuses ; mais en examinant avec plus d'attention , on observe dans cette confusion apparente un ordre général. Le minéral est presque toujours rangé par lits qui se prolongent à des distances différentes ; c'est ce que l'on nomme *vaines* ou *filons*. Les mineurs distinguent trois directions particulières des mines ; ils nomment *mines profondes* celles qui se plongent dans l'intérieur de la terre ; *mines élevées* celles dont la direction va de bas en haut ; et *mines horizontales* ou *dilatées* , celles qui sont parallèles à l'horizon. On trouve aussi assez souvent des tas de minéral considérables, qui n'ont que peu ou point de vaines dans leur alentour : les mineurs les nomment *mines accumulées*.

La première tranchée qu'on fait à une mine présente fort souvent plusieurs filons à-la-fois, et qui vont en divergeant. C'est dans ces circonstances qu'il faut que le mineur emploie toutes les ressources de ses connaissances et de son habitude à voir les filons, pour savoir distinguer et deviner, pour ainsi dire, celui qui doit durer le plus longtemps, et fournir le plus abondamment du minéral avec le moins de dépense. On croirait peut-être qu'il serait plus avantageux de les suivre tous. Plusieurs personnes ont été la victime d'un pareil sentiment, parce que la plupart de ces rameaux métalliques, n'ayant que quelques toises d'étendue, ils finissent tout-à-coup, sans qu'on puisse retrouver qu'après des dépenses excessives, l'endroit où ils reprennent.

Lorsqu'on s'est fixé à un filon, on tire la mine hors de terre. Des ouvriers l'arrachent avec des pioches ; d'autres la trient à mesure, d'avec les pierres et les terres, et la mettent dans des brouettes pour en charger des voitures qui la conduisent à *la fonderie* ; d'autres sont occupés à voiturer des décombres dans des endroits où cela ne puisse point gêner le travail des ouvriers. Lorsque la mine est contenue dans un rocher de pierre dure, on en fait sauter différentes portions par le moyen de la poudre à canon, afin d'accélérer le travail ; on fait ensuite choix du minéral, et on se débarrasse des décombres pierreux. Lorsqu'on a suffisamment de minéral hors de terre, on commence à le travailler pour en tirer le métal ; mais ce travail est le plus souvent particulier à chaque espèce de mine.

ART DU PLOMBIER.

Parmi les différens métaux que l'homme sait arracher du sein de la terre pour son usage, considérons le plomb dont l'exploitation demande un travail plus compliqué que celui qu'on fait sur les mines d'or et d'argent, parce qu'il y a fort peu de mines de plomb qui ne contiennent en même temps quelqu'autre métal qu'on ne veut pas perdre, comme du cuivre, de l'argent, et souvent de l'or.

Le plombier est l'ouvrier qui fond le plomb, qui le façonne, qui le vend façonné, et qui le met en œuvre dans les bâtimens, fontaines, réservoirs, etc.

C'est surtout depuis qu'on a inventé la machine à laminer le plomb, que ce métal est devenu d'un usage infini, soit pour les tuyaux de fontaines, soit pour les bassins, cuvettes et réservoirs d'eaux, mais principalement pour la conservation des terrasses, et encore plus pour la couverture des grandes églises et des maisons royales.

L'effet du *laminoir* est d'amincir une table de plomb d'un pouce et demi d'épaisseur, jusqu'à lui donner dix-sept fois six pieds et plus de long, si on la réduit à une ligne, et à lui donner beaucoup plus en longueur si on juge à propos de la rendre aussi mince qu'une feuille de papier, sa largeur étant toujours la même.

Cette table s'alonge et se coupe à

3.						6

proportion de son allongement sur un chassis de cinquante pieds , dont elle parcourt vingt-cinq en un sens , et vingt-cinq en un autre , en allant et venant au travers de deux forts cylindres de métal qui tournent dans un sens jusqu'à ce que la lame arrive à sa fin , puis tournent dans un autre pour la ramener , les chevaux et le manége allant toujours un train uniforme.

ART DU COUTELIER.

Le coutelier fait et vend des couteaux , des ciseaux , des rasoirs , des canifs , des instrumens de chirurgie , fabriqués de fer et d'acier.

Il y a un si grand nombre de différentes sortes de couteaux et d'instrumens dépendans de l'art de la coutellerie, qu'il serait trop long d'en faire l'énumération.

Quand l'ouvrier veut faire, par exemple, un couteau à gaine, il commence par forger la lame, quelquefois il la fait d'acier pur, quelquefois il y ajoute un peu de fer pour la rendre moins cassante. La lame étant forgée, on la met dans du charbon de bois allumé, qu'on laisse éteindre dessus, pour la rendre plus molle et plus facile à limer.

Après cette opération on ébauche la lame, c'est-à-dire, qu'on lui donne un coup de lime ; on perce ensuite le manche, qui est d'ivoire, d'écaille, de bois , etc.

La lame est ensuite *trempée* : tremper la lame c'est la faire rougir et la plonger dans l'eau ; on observe de tremper plus chaud quand c'est une lame de pur acier.

Quand la lame est trempée on la

blanchit, c'est-à-dire, qu'on la frotte légèrement avec du grès ; on lui donne ensuite le *recuit* sur le charbon allumé ; puis on l'insinue dans le manche , qu'on a auparavant rempli de ciment : cela s'appelle *cimenter le couteau*.

Le couteau étant cimenté, on blanchit la lame sur la meule ; on la redresse ensuite ; on la passe tout-à-fait, et on lui donne le tranchant ; après quoi on façonne le manche , et on lui donne la forme qu'on désire par le moyen d'une rape et d'une lime.

Je ne parle pas de quelques légères préparations qu'on donne encore au couteau pour le perfectionner ; elles sont peu importantes , et n'ont pour objet que de le polir.

La plus belle et la plus fine coutellerie de France se fait à Paris , à Moulins , à Chatellerault, à Cosnes et à Langres.

Le Taillandier.

Le Menuisier.

Le Tonnelier.

L'Ebéniste.

ART DU TAILLANDIER.

Le taillandier rend des services très-nombreux à la société. Son art se ramifie d'une manière très-étendue, et les ouvrages qu'il produit se classent dans l'ordre suivant :

Les *œuvres blanches*. Cette division comprend les gros outils de fer tranchans et coupans qui se blanchissent, ou plutôt qui s'aiguisent sur la meule, comme les cognées, ébauchoirs, ciseaux, planes, serpes, bèches, couperets, faulx, et autres instrumens de cette espèce. Ce travail ne diffère de celui du coutelier que par la grandeur des objets.

Il est intéressant, pour l'acquisition des divers instrumens dont nous

venons de parler, de pouvoir reconnaître ceux qui sont bien fabriqués,
dont les parties sont également dures, et qui coupent partout de même.
Comme la faulx, par exemple, est un
instrument extrêmement long, il arrive bien souvent qu'elle est moins
chauffée dans de certains endroits
que dans d'autres : ainsi, la trempe
n'étant pas égale, il en résulte que
l'outil n'a point partout la même
dureté. On s'aperçoit aisément de
ces défectuosités, en passant doucement sur le tranchant une pierre à
aiguiser, dont on connaît la dureté ;
selon que cette pierre mord plus ou
moins, on s'assure si le tranchant
que l'on veut essayer est bien égal,
s'il est plus dur dans certains endroits
que dans d'autres, ou s'il est trempé
au degré qu'il faut. Les couteliers et
les taillandiers n'ont pas d'autres secours que la meule à aiguiser, pour

connaître parfaitement la qualité du tranchant qu'ils affilent.

La *vrillerie*. Cette seconde division est ainsi nommée des vrilles, petits instrumens qui servent à faire des trous dans le bois ; elle comprend tous les menus ouvrages et outils de fer et d'acier qui servent aux orfévres, graveurs, chaudronniers, armuriers, sculpteurs, tonneliers, relieurs, menuisiers, etc.

La *grosserie*. Dans cette division sont tous les plus gros ouvrages de fer qui servent particulièrement dans le ménage de la cuisine, quoiqu'il y en ait aussi pour d'autres usages ; ceux-ci sont forgés et limés ensuite, jusqu'à un certain point. Ce travail ne diffère point de celui du serrurier.

Enfin, la quatrième classe comprend tous les ouvrages qui peuvent se fabriquer en fer-blanc ou noir par les taillandiers , ferblantiers , comme des plats , assiettes , flambeaux , etc.

ART DU MENUISIER.

JE vous ai parlé , mes enfans , du *charpentier* , qui n'emploie que du gros bois , et qui en forme les poutres , les solives , les chevrons destinés à soutenir nos édifices. Mon dessein est de vous parler aujourd'hui du *menuisier* , qui ne travaille que sur des bois débités en planches , et qui les corroie et les polit avec le rabot , et autres instrumens.

L'art du menuisier , né de celui du charpentier , forme deux divisions assez distinctes. Il y a les *menuisiers d'assemblage* , qui sont les *menuisiers proprement dits* , et les *menui-*

siers de placage, qu'on nomme aussi *ébénistes* : ne parlons en ce moment que des premiers.

Avec le secours de la cognée, de la scie et du rabot, on débite un tronc ou une branche d'arbre en autant de lames qu'on juge à propos. On creuse ce bois, on l'arrondit, on le polit, on le tourne comme une cire molle pour en faire des parquets, des chambranles, des lambris, des chassis, des armoires, et tous ces beaux assemblages par lesquels le menuisier met à couvert tout ce que nous voulons couserver, et rend nos appartemens aussi beaux et aussi sains que s'ils étaient revêtus de soie, ou enrichis de belles peintures, ou incrustés des marbres les plus riches. Un vernis, répandu sur tout l'ouvrage, y met l'unité d'un bout à l'autre, et écarte, par son amertume, tous les vers qui voudraient à nos dépens y chercher

6*

un passage, ou y établir leur demeure.

Comme les ouvrages qui concer-
nent la menuiserie sont immenses,
contentons-nous, pour en donner une
idée, de parler de la façon de faire
une porte à placard.

Quelque pièce de menuiserie qu'on
veuille faire, il faut commencer par
fendre le bois : ce sont ordinairement
des ouvriers qu'on appelle *scieurs de
long*, qui s'acquittent de cet emploi.

Quand le bois est refendu, on le
corroie, c'est-à-dire, qu'on le dresse
successivement avec deux rabots ap-
pelés, l'un la *demi-varlope*, l'autre
la *varlope*. Le premier a deux poignées, et le fer un peu arrondi afin
qu'il morde davantage. Le second,
qui est la varlope, a aussi deux poignées, et son fer est très-large et
carré : il sert à adoucir l'ouvrage.

Après cette opération, l'ouvrier

met le bois à l'équerre ; il *établit* ses bois, c'est-à-dire, qu'il arrange toutes les parties qui doivent composer son ouvrage. Il trace ensuite la largeur et la hauteur de sa porte sur le plan qu'il en a ; il tire ses assemblages, et fait ses *tenons* et *mortaises*. Les tenons et mortaises sont les deux parties qui servent à l'assemblage : on introduit les *tenons* dans les *mortaises*, et on les contient avec des chevilles.

Après avoir fait les tenons et mortaises, il raine avec un rabot, appelé *bouvet*, pour mettre les panneaux, et ensuite il *pousse* les moulures, c'est-à-dire, qu'il les forme.

Quand il a poussé les moulures, il colle les panneaux avec de la colle forte, lorsqu'ils ne sont pas assez grands pour être tout d'une pièce ; il les met de largeur et de longueur, et pousse les plates-bandes avec le *guillaume*, qui est un rabot dont les

ouvriers se servent pour faire des
moulures , et qui a le fût fort étroit.
Il replanit ensuite les panneaux avec
le rabot et le *racloir* , qui est une
espèce de lame tranchante emman-
chée dans une poignée de bois ; il
assemble alors les cadres , met les
panneaux dedans , et les panneaux
avec les cadres dans le *bâti* ; il les
serre ensuite avec un *sergent* , qui
est une barre de fer carrée , longue
à volonté , recourbée en crochet, et
un peu applatie par un des bouts.
Il *cheville* après les panneaux ; et
enfin il y met la dernière main , les
réunit parfaitement , les *profile* , et y
fait des figures au milieu et au por-
tour avec le *feuilleret*. Le feuilleret
est une espèce de rabot qui sert à
faire les *feuillures* : le fût de ce rabot
a par-dessous une feuillure qui le
dirige le long de la planche que l'ouvrier veut *feuiller*.

Après ces opérations il pousse son chambranle, c'est-à-dire, qu'il le forme et le finit; et pour lors la porte est en état d'être ferrée, ce qui est l'ouvrage du serrurier. Quand elle est ferrée on la met en place.

Les menuisiers emploient indifféremment toutes sortes de bois, mais plus communément le sapin et le chêne. Ils diffèrent des *ébenistes* en ce qu'ils assemblent avec les tenons et mortaises, et que ces derniers ne font que coller et n'assemblent point.

Il est très-essentiel à un menuisier de savoir bien *assembler*, c'est-à-dire, de posséder l'art de réunir et de joindre plusieurs morceaux de bois ensemble pour ne faire qu'un même corps. Il y a plusieurs sortes d'*assemblages*, *l'assemblage carré*, *l'assemblage à bouement*, *l'assemblage à queue d'aronde*, *l'assemblage à clef*, *l'assemblage à onglet*, *l'as-*

semblage à *rainure et languette*,
l'assemblage à emboiture. Ces divers assemblages peuvent se subdi-
viser encore. L'habileté d'un menuisier consiste à ce qu'ils soient tous
si parfaitement faits, et que toutes
les pièces qui les composent soient si
bien réunies ensemble, qu'elles ne
laissent aucun vide entre elles, et ne
paraissent faire qu'un même tout,
quoique composé de plusieurs parties.

ART DU TONNELIER.

L'ART du tonnelier est fort ancien, et paraît être parvenu promptement au degré de perfection auquel
nous le voyons aujourd'hui. Cependant il est encore inconnu dans quelques pays. Dans quelques-uns de

ceux-ci , où les bois sont rares , on transporte les vins dans des peaux enduites de goudron ou de poix. L'usage de garder le vin dans des vases de terre se conserve encore dans quelques-unes de nos provinces. Pline donne aux Piémontais le mérite d'avoir les premiers fait usage de tonneaux : de son temps ils les enduisaient de poix.

L'atelier du tonnelier dans les endroits où l'on construit le plus de tonneaux , consiste ordinairement en un hangar assez spacieux pour placer plusieurs ouvriers , et les outils convenables à leur métier ; et dans l'intérieur des villes , comme à Paris , en de grandes boutiques. Il faut, outre cela, à tous les tonneliers , des magasins couverts pour ranger l'ouvrage fini , et des cours pour y déposer leurs merrains ou les douves préparées ; car plus le bois est sec et vieux

fendu , meilleur il est pour la construction des tonneaux.

Le bois appelé *traversin* , sert à
faire les planches du fond du tonneau,
et le *merrain* sert à former les douves.
De la figure des *douves* dépend celle
que prend le tonneau , qui n'est formé
que par leur réunion. Ces douves ,
maintenues par des cercles , forment
ce qu'on nomme un *tonneau monté*.

Quand le tonneau est monté et
retenu par quelques cercles , c'est sur
le *bouge* , où la partie la plus renflée
de la pièce que l'on pratique une
ouverture à égale distance de ses
extrémités : on la nomme trou du
bondon. Le bondon est le bouchon
de liége ou de bois qui sert à tenir
fermée cette ouverture quand on n'en
fait point usage.

Le *fond* du tonneau est composé
de plusieurs planches. Les pièces qui
composent ce fond entrent dans une

feuillure qu'on appelle *jable*. Les deux bouts de la pièce, depuis le bord des douves ou la circonférence de chaque extrémité du tonneau jusqu'au fond, portent ainsi le même nom.

Pour retenir chaque fond du tonneau, on y met une traverse placée dans un sens opposé à la direction des planches du fond. On la nomme *barre*; elle est assujettie par le moyen de plusieurs chevilles.

Pour rendre le tonneau plus solide, et le disposer à souffrir les chocs qu'il peut essuyer en le transportant, en le roulant, on y met deux cercles doubles qu'on appelle *sommiers*.

La plupart des outils du tonnelier, dont différentes parties sont en fer, s'achètent chez les taillandiers. Les tonneliers les montent ensuite, et les emmanchent comme il leur convient, en leur donnant la forme la plus propre aux usages auxquels ils les destinent.

ART DE L'ÉBÉNISTE.

LES meubles les plus élégans et les plus commodes de nos appartemens, les bureaux sur lesquels nous écrivons, les secrétaires où nous renfermons nos papiers, les tables, les commodes qui reçoivent un si beau poli, sont les produits de l'industrie et du travail de l'ébéniste.

L'ébéniste est l'ouvrier qui fait des ouvrages de rapport, de marqueterie et de placage, avec les bois de couleur, l'écaille et autres matières.

Quand ces matières sont coupées ou sciées par feuilles, on les applique, avec de bonne colle d'Angleterre, sur des fonds faits de moindres

bois , où elles forment des compartimens. Après que les feuilles sont pla-
quées , jointes et collées , on les
laisse sur l'établi , et on les tient en
presse avec des *goberges* , jusqu'à ce
que la colle soit bien sèche. Les *goberges* sont des perches coupées de
longueur , dont un bout porte au
plancher , et dont l'autre bout est fortement appuyé sur le placage , avec
un coin mis entre l'ouvrage et la
goberge.

Le nom d'*ébéniste* qu'on donne
aux menuisiers en placage , vient de
ce qu'autrefois le bois d'ébène était
celui qu'ils employaient communément , et dont ils faisaient leurs plus
beaux ouvrages. Il y a plusieurs variétés de ce bois , la noire , la rouge ,
la verte et la jaune. La première qui
vient de Madagascar est la plus estimée , parce qu'elle est noire comme
du jais , qu'elle n'a point d'*aubier* ,

c'est-à-dire, qu'elle n'a pas sous l'é-
corce une ceinture de bois blanc et
imparfait qu'on trouve plus ou moins
épaisse dans presque tous les arbres,
et qu'elle est très-*massive*, c'est-à-
dire, que le bois en est très-dur et
très-solide. Quelques-uns prétendent
que pour lui procurer un plus beau
noir, les habitans de ce pays enter-
rent cette espèce d'arbre dès qu'ils
l'ont abattu. La variété *rouge*, qu'on
nomme aussi grenadille, n'est presque connue que de nom. La *verte* vient
d'un arbre très-touffu, dont le bois
est de couleur d'un vert foncé tirant
sur le noir, et quelquefois mêlé de
veines jaunes, gras, prenant aisément feu, et dont on se sert non seulement pour les ouvrages de mosaï-
que, mais aussi dans la teinture,
parce qu'il donne un très-beau vert
naissant. La *jaune* n'est qu'une variété de l'espèce *verte*.

Les ébénistes n'emploient pas une quantité de bois différens ; mais leur art consiste à les diversifier par la manière dont ils les coupent, et par les couleurs qu'ils leur donnent. Veulent-ils imiter le bois d'ébène, admirable par son noir de jais ? ils prennent du bois de poirier, le colorent en noir avec une décoction chaude de noix de galle et de l'encre à écrire, et ils impriment cette couleur avec une brosse rude. Ils donnent ensuite le poli au bois avec de la cire chaude.

Le véritable bois d'ébène noir, est de tous les bois le plus propre à recevoir le poli : c'est cependant celui qu'on emploie le moins dans les ouvrages de marqueterie. On donne la préférence aux bois de couleur, comme le bois violet et le bois de rose, à cause de la variété de leurs veines qui paraissent former divers dessins.

ART DU TOURNEUR.

Voici, mes enfans, un art des plus agréables, et qui peut vous procurer à vous-mêmes, si vous voulez le pratiquer, le plus utile délassement.

On appelle tourneur l'ouvrier qui travaille sur le tour. Les bois les plus durs, et sur lesquels le fer et l'acier trouvent à peine prise, comme le buis, le gayac et l'érable, étant dans les mains d'un tourneur, se dégrossissent, s'arrondissent, s'ornent de filets, de cannelures, de pommes, deviennent sous son ciseau, colonne, balustre, support, boîte, couvercle, cuvette, en un mot, tout ce qui lui plaît. On a vu, dans tous les temps, l'agréa-

Le Tourneur.

Le Tapissier.

ble exercice du tour , passer des artisans aux personnes les plus distinguées , désennuyer les solitaires , et amuser les princes mêmes.

L'invention du tour , même du tour porté à un très-haut degré de perfection , semble être d'une grande antiquité, si l'on s'en rapporte au témoignage de plusieurs auteurs anciens , entre autres à celui de *Pline* , qui dit que l'on tournait de ces vases précieux , enrichis de figures et d'ornemens à demi-bosse , dont quelques-uns se retrouvent encore dans les cabinets des curieux.

On peut distinguer deux principales formes de tours , servant pour travailler des pièces dont le contour est régulier , savoir : les grands tours dont la matière principale est le bois , et dont se servent surtout les maîtres tourneurs et les tabletiers , et les tours de fer qui sont beaucoup plus petits.

Il y a de ces derniers tours qu'on place dans un étau, et que l'on fait mouvoir aisément par le moyen d'un archet. A l'égard des grands tours sur lesquels on travaille de gros ouvrages, tels que les balustres de bois ou de pierre, on leur imprime le mouvement par le moyen d'une roue tournée par un ou deux hommes. Si les ouvrages sont plus légers, on se contente d'une marche que le pied de l'ouvrier fait mouvoir.

Dans le tour ordinaire, les pièces que l'on tourne et qui sont fixées horizontalement et contenues entre deux pivots, reçoivent le mouvement de la *marche* qui est au-dessous des pieds du tourneur, et de l'*archet* qui est au-dessus de sa tête. Cet archet n'est autre chose qu'une perche attachée le long du plancher de l'atelier, et qui fait ressort, c'est-à-dire, qui se relève d'elle-même lorsqu'on là tire par le bout qui n'est point attaché. La marche est un bâti de ménuiserie de forme triangulaire, ou bien simplement une tringle longue de quatre ou cinq pieds. Il y a une corde attachée par un de ses bouts à la partie libre de l'archet, et par l'autre bout à la marche. Cette corde fait un tour sur l'ouvrage qu'on veut tourner, ou sur le *mandrin* (espèce d'alonge) auquel il est collé. Ainsi le tourneur en appuyant le pied sur la marche, et en le relevant alternativement et avec régularité, imprime un mouvement de rotation sur elle-même à la pièce qu'il veut travailler. Alors, armé d'un outil qu'il tient appuyé sur le support, et dont il présente la partie tranchante à la pièce qui est sur le tour, l'ouvrier fait prendre à cette pièce telle figure que bon lui semble.

Ceux qui sont dans l'habitude de tourner au pied ou à l'archet, n'ignorent pas combien il est important de proportionner la grosseur de la corde à celle de la pièce qu'on fait tourner. Lorsqu'on n'a pas cette attention, et qu'on se sert indifféremment d'une même corde pour toutes sortes d'ouvrages, il n'est pas possible d'exécuter rien de délicat entre deux pointes, parce que l'effort qu'il faut faire pour vaincre la roideur de cette corde, porte sur la pièce qu'on veut tourner, et que cette pièce ne peut soutenir cet effort si elle n'est forte de matière. Par le peu de temps qu'elle met à s'échauffer et à s'user, il est prouvé qu'une corde trop grosse a plus de peine à se mouvoir quand elle enveloppe une partie fort menue.

Le tour dont nous venons de parler est celui dont le mécanisme est le plus simple. Aussi ne sert-il que pour tourner des pièces absolument sphériques ou circulaires, ou des pièces dont les ornemens sont des portions de sphère ou des cercles réguliers. Les tours qu'on emploie pour faire des pièces irrégulières, telles que des écrous, des vis, des ovales, des colones torses, etc., sont infiniment plus compliqués ; ils le sont même à un tel point, que ce serait en vain que j'entreprendrais d'en donner ici une description.

ART DU TAPISSIER.

Les charpentiers, les maçons, les couvreurs, les plâtriers se retirent. Le corps de logis ne demande plus qu'à être séché et meublé pour être habitable. D'autres gens aussi industrieux que ceux qui ont évacué la place, s'y présentent pour offrir à l'envi leurs services. Chacun ambitionne d'y mettre quelques pièces de sa façon. Tapissier, serrurier, menuisier, tablettier, tourneur, vitrier, plombier-fondeur, orfèvre, coutelier, ferblantier, chaudronnier, faïencier et bien d'autres, ou nous demandent nos volontés, ou nous apportent des ustensiles à choisir. On ne sait auquel entendre.

Jamais nous ne faisons mieux nos achats que quand nous avons par avance pris la précaution de nous informer à plusieurs reprises des meilleures matières qui s'emploient dans chaque profession, du goût le plus raisonnable qu'on y souhaite, et du prix, soit de la matière, soit de la main-d'œuvre. Ces instructions ne sont pas le fruit de quelques questions faites à la volée; elles demandent un peu de pratique. Elles ne s'acquièrent et ne réussissent jamais mieux que par la comparaison des ouvrages et des prix. C'est une étude qui se fait sans fatigue, et qui n'est suivie d'aucun dégoût. Par quel caprice se refuse-t-on très-communément des connaissances qu'on sait être amusantes et d'une grande utilité, pour courir, assez souvent, après de prétendues sciences qui ne nous donnent que du tourment?

La vraie façon d'acquérir promptement ces détails usuels pour lesquels nous ne devrions jamais avoir besoin de demander conseil, est de voir fabriquer toutes sortes d'ouvrages, et surtout d'entendre raisonner les meilleurs ouvriers. Ce sont d'excellens maîtres, et leurs réponses sont les plus sûres leçons. On peut débuter par consulter sur les arts et métiers ce que quelques livres nous apprennent, surtout quand ils sont accompagnés de bonnes figures. Passez ensuite dans les différens ateliers pour

y voir des réalités ; vous y ressenti-
rez, je l'espère, le même plaisir qu'on
éprouve en voyant une ville ou un
port dont on a lu la description. Il
est agréable alors de prévenir ses gui-
des, et d'accuser exactement le nom,
l'usage et le mérite des choses qu'on
n'avait vues qu'en peinture. L'ouvrier
qui vous verra de l'affection pour son
art, s'affectionnera par retour à vous
instruire. Un disciple curieux gagne
d'abord le cœur de son maître. Sans
perdre de vue son propre travail, cet
ouvrier cherchera sûrement à faire,
en votre présence quelque usage de
ses différens outils, et toute son attention sera pour vous.

Le magasin où le tapissier expose les
tentures et les meubles qu'il désire ven-
dre, et surtout les ateliers où il les fait
fabriquer, vous offriront les objets
les plus propres à flatter votre curiosité. Cet art est si compliqué, si sujet

aux variations de la mode, quelquefois
même à la fantaisie des particuliers ,
qu'un tapissier ne saurait trop s'appliquer à bien connaître les propriétés
des étoffes , la préférence qu'elles ont
les unes sur les autres , le parti qu'on
peut tirer de chacune, la distribution
dans les meubles , l'union des fleurs ,
la séparation des lés dans les étoffes
à fleurs , à quadrilles ou rayées ,
l'emploi des bordures , les coutures
relatives aux étoffes , et la position
des clous dorés. Il doit aussi connaître la qualité , la largeur, le prix des
marchandises , la quantité qu'il doit
en employer dans chaque espèce de
meuble , afin qu'il puisse rendre raison de leur valeur.

Comme il y a peu de différence
entre les façons des meubles du même
genre , il suffit d'examiner la contex-
ture d'un fauteuil , encadré suivant
l'ancien usage , pour se faire une idée

de la manière dont on fabrique tous les autres siéges , même les siéges du dernier goût.

La tapisserie est une pièce d'étoffe, ou d'ouvrage travaillé en laine et en soie, ou tout en soie, dont on se sert pour parer les appartemens d'une maison.

Les tapisseries peuvent se faire de toutes espèces d'étoffes , comme de velours , de damas , de brocard , de satin , de callemandre , de cadis , et même aujourd'hui de papier peint uni ou velouté, etc. Mais quoique toutes ces étoffes taillées et montées se nomment tapisseries , celles qu'on doit néanmoins appeler proprement ainsi , ne sont que les hautes et basses lisses, les bergames, les cuirs dorés , les tapisseries de tonture de laine qui se font à Paris et à Rouen , et ces autres tapisseries d'une invention assez nouvelle , que l'on fait de coutil , sur lequel , avec diverses couleurs , on imite assez bien les personnages et les verdures de la haute-lisse. Je consacrerai un article particulier à cette dernière tenture, et un autre à la basse-lisse, qui est au fond le même ouvrage , fait sur un métier différent. Cette sorte d'ameublement où l'on fait entrer la soie , la laine , etc. ; a une origine très-ancienne. Attale, roi de Pergame, qui institua le peuple romain pour son héritier , avait son palais meublé de tapisseries magnifiques brodées d'or. Les Grecs et les Romains en eurent aussi de très-riches. Cet art s'est répandu peu à peu chez divers peuples , mais les Français sont ceux qui y ont fait le plus de progrès , par leur établissement des manufactures royales des Gobelins et de Beauvais.

Les tapissiers vendent aussi des tapis qu'on met sous les pieds dans les appartemens. Les *tapis de Turquie* et *de Perse* ont longtemps eu la vogue, mais aujourd'hui les manufactures de France, nous offrent des ouvrages bien supérieurs pour l'élégance et la correction du dessin, le choix et la variété des différentes fleurs qu'on y représente. Les *tapis veloutés* de la manufacture royale établie au bout du Cours-la-Reine, connue sous le nom de la *Savonnerie*, sont entre autres de la plus grande beauté. La façon de travailler ces tapis, imités de ceux de Turquie et de Perse, est différente de celle qui est en usage pour les tapisseries de haute et basse lisse. L'ouvrier qui exécute un tapis, divise ordinairement le tableau ou carton qu'il doit imiter, en un nombre déterminé de petits carrés. Il en trace un pareil nombre sur la chaîne. C'est par le secours de ces carrés et de ces points correspondans, qu'il imite plus facilement les traits et les nuances du tableau qu'il a devant les yeux. Dans ces tapis on laisse déborder tous les fils de la trame. Ces fils sont ensuite tranchés de fort près pour en égaler les houppes. On obtient par ce moyen un velouté très-beau et de longue durée.

La manufacture de la *Savonnerie* fut, en 1712, gratifiée par Louis XIV, d'un édit qui lui accorde les mêmes priviléges dont jouissent les *Gobelins*.

Le premier article de cet édit lui donne le titre de *manufacture royale des meubles de la couronne, des tapis façon de Perse et de Levant.* Le second la met sous l'administration du directeur général des bâtimens du roi, d'un conducteur particulier et d'un contrôleur.

Les tapis de la manufacture d'Aubusson méritent de tenir le second rang. Viennent ensuite les *tapis de moquette*. Ceux-ci, quoique bien inférieurs aux premiers, sont cependant recherchés à cause de leur bon marché. La moquette est une sorte d'étoffe veloutée qui se fabrique sur le métier, à peu près comme la peluche.

On fait à Rouen et ailleurs, une sorte de tapisserie qui est tout ensemble une étoffe sans chaîne ni fil de traverse, et une peinture faite sans pinceau. C'est un coutil imprimé d'une couche de couleur en huile, sur lequel on dessine à la craie des figures. Après qu'on a couvert quelques traits d'une huile collante et siccative, et pendant qu'elle est encore fraîche, l'ouvrier qui a devant lui le dessin ou modèle qui le dirige, et des tamis pleins de tontures de draps ou de laine finement hachées et de différentes couleurs, distribue sur chaque

trait une pincée de tonture de la couleur qui convient à cette partie de la
figure. Le mélange bien entendu des
tontures dans les passages des couleurs, dégrade à propos chaque teinte
et diversifie les nuances.

L'industrie française est parvenue
à rendre sur ces toiles, et aujourd'hui
sur le simple papier, non seulement
toutes sortes de ramages, de verdures, mais des paysages, même de
grands tableaux d'histoire.

ART DU BASSE-LISSIER.

La basse-lisse est une espèce de tissu, ou tapisserie faite de soie ou de laine, quelquefois rehaussée d'or ou d'argent, où sont représentées diverses figures de personnages, d'animaux, des paysages ou autres semblables choses, suivant la fantaisie de l'ouvrier, ou le goût de ceux qui les lui commandent.

Les ouvriers appellent entre eux *basse-marche*, ce que le public ne connaît que sous le nom de *basse-lisse*. Ce nom lui a été donné dans les manufactures à cause de deux marches que le fabricant a sous les pieds, pour faire hausser et baisser les lisses, comme on pourra le voir

en consultant la planche qui accom-
pagne cet article.

La *basse-lisse* est ainsi nommée
par opposition à une autre espèce de
tapisserie qu'on nomme *haute-lisse*,
non pas à cause de la différence de
l'ouvrage, qui, à proprement parler,
est le même, mais de la différence de
la situation des métiers sur lesquels
on travaille. On nomme *tapisserie
à basse-lisse*, celle dont la chaîne
est tendue horizontalement sur un
métier fort bas, et dont les lisses
montent et descendent. On nomme
tapisserie de haute-lisse, celle qui
se fabrique sur un métier où la chaîne
s'élève debout vers le plancher de
l'ouvroir, et dont les lisses ou les cordons qui font croiser les fils de la
chaîne tour-à-tour, sont au-dessus
de la main de l'ouvrier.

Ce qu'il y a de plus singulier dans
le travail de la basse-lisse, et qui lui

est commun avec la haute-lisse , c'est qu'il se fait du côté de l'envers , en sorte que l'ouvrier ne peut voir sa tapisserie du côté de l'endroit (surtout dans la basse-lisse), qu'après que la pièce est finie et levée de dessus le métier.

La basse-lisse est la manière la plus ancienne de travailler , et celle qui est encore le plus en usage ; car on ne fait guère de la haute-lisse qu'aux Gobelins. Cependant la basse-lisse a plusieurs inconvéniens considérables ; les objets se trouvent sur les tapisseries , par la manière dont on les travaille , à contre-sens de ce qu'ils sont sur les tableaux ; ces tableaux sont perdus par la nécessité où l'on est de les couper en morceaux pour les appliquer sur le métier ; enfin , et ce qui est le plus grand inconvénient , on ne peut corriger les défauts de l'ouvrage , parce qu'on n'en peut juger que lorsque toute la pièce est finie.

Ces différens inconvéniens de la basse-lisse firent chercher dans le siècle passé, pendant lequel les arts firent tant de progrès, une autre manière de faire des tapisseries qui en fût exempte ; on imagina en conséquence la *haute-lisse*, c'est-à-dire, qu'on renouvela, après plus de deux mille ans, l'ancienne manière de faire des tissus. Par cette nouvelle situation des métiers on obtint tous les avantages que l'on désirait. Les tableaux n'étaient plus sous la chaîne, mais derrière l'ouvrier. On les conserva dans toute leur beauté. Les objets se trouvèrent sur les tapisseries du même sens que sur les tableaux, et l'ouvrier, pouvant consulter à chaque instant son modèle, eut la facilité de corriger, dans son travail, toutes les fautes de coloris ou de dessin. Mais on ne tarda pas à reconnaître que la beauté, dans l'exécution et la promptitude dans le travail, sont des avantages qui s'excluent presque toujours mutuellement. Les tapisseries de *haute-lisse* étaient beaucoup plus longues à faire que les autres ; le travail était beaucoup plus fatiguant, par la nécessité où sont les ouvriers de tirer les lisses situées au-dessus de leurs têtes. Enfin, elles devinrent si chères, qu'il n'y eut que les souverains, les princes ou les particuliers les plus riches qui pussent en acheter.

PLANCHE 1. *La fabrique de la basse-lisse.*

1. Les montans.

2. Les roines ou les romes, fortes pièces de bois qui forment les deux côtés du métier, et qui portent les rouleaux ou ensubles.

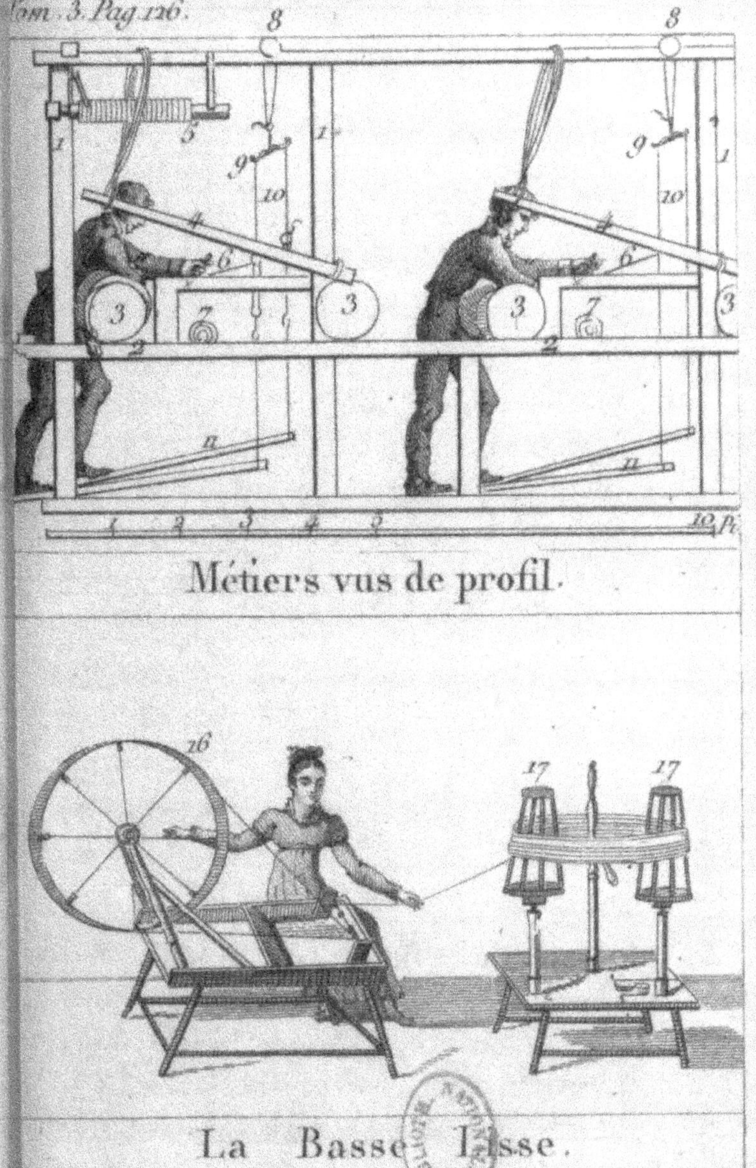

Métiers vus de profil.

La Basse Lisse.

* Le bras auquel sont attachées les cordes qui traversent le métier, et supportent sous la chaîne la partie du tableau où en est l'ouvrier ; il détourne ou entrouvre les fils de la chaîne pour voir le point de l'objet où il est parvenu , et la couleur avec laquelle il faut imiter ce point.

3. Les ensubles ou rouleaux , dont l'un porte la chaîne, l'autre porte la tapisserie qu'on y enroule à mesure qu'elle avance. L'ouvrier, assis sur un banc de bois , appuie son estomac sur l'ensuble de devant , et adoucit cette situation à l'aide d'un oreiller. Chaque rouleau a son wich. Le wich est une longue baguette ronde , à laquelle tiennent tous les fils de la chaîne , et qui s'emboîte dans une rainure faite au rouleau.

4. Barre à bander la chaîne.

5. Le moulinet , avec son levier de fer ; c'est une pièce amovible , et qui

sert pour bién étendre la chaîne en maîtrisant les rouleaux qui , par leur grosseur, ressemblent à deux poutres.

6. Support du tableau ; ce sont les cordes dont on vient de parler.

7. Perche à rouler le tableau.

8. Camperche, pièce qui traverse le métier , et soutient les sautereaux.

9. Les sautereaux sont des morceaux de bois suspendus par le milieu , comme des fléaux de balances , pour porter les cordes des lisses et hausser ou baisser de chaque côté , selon le jeu des marches.

10. Les lisses.

11. Les marches ; les lisses ne traversent pas la largeur du métier , comme font les lames dans les manufactures de lainage. On multiplie ici les lisses selon la largeur de l'étoffe et du métier , parce que l'ouvrier n'a besoin de hausser ou d'abaisser que les fils de l'endroit où il est. Quand

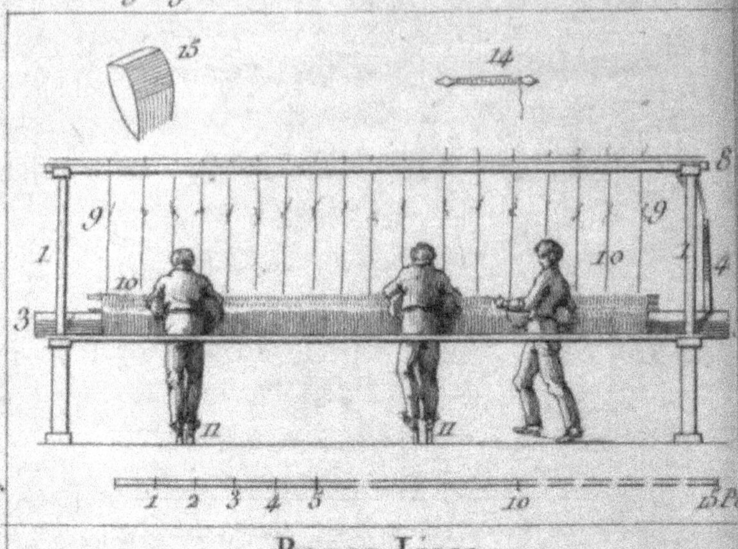

Basse Lisse

Ouvrier vu par le dos.   Vu de profil.

il le quitte pour travailler plus loin , à droite ou à gauche , il prend ses deux marches et les applique à d'autres lisses.

12. Le banc.

13. La chaîne.

14. La flûte où le fil d'or , de soie ou de laine est dévidé : elle sert de navette pour insérer la trame dans la chaîne ; mais elle ne court point comme la navette , et ne passe qu'au travers des fils de la chaîne qu'il plaît à l'ouvrier de prendre , en les croisant tout-à-tour , sans quoi la trame ne tiendrait pas.

15. Le peigne à quinze dents pour frapper la trame et serrer l'ouvrage d'une façon égale.

16. Rouet à dévider le fil de dessus les tournettes.

17. Les tournettes.

Quand l'ouvrier a tiré de la flûte le fil qu'il a besoin de faire passer dans

la chaîne , il arrête ce fil d'un tour
de doigt par un las coulant , et laisse
tomber la flûte , qui demeure couchée
et arrêtée par son fil.

ART DU HAUTE-LISSIER.

Suivons , mes enfans , les progrès
admirables de l'industrie humaine ;
allons visiter ces manufactures célè-
bres où se fabriquent ces tapisseries
magnifiques destinées à orner les palais des rois et des princes , ces tapis
superbes qui garnissent nos appartemens.

D'après ce qui précède , vous avez
déjà une idée du travail de ces ateliers;
vous savez que la haute-lisse est ainsi
appelée de la disposition des lisses , ou
plutôt de la chaîne qui sert à la travailler , qui est tendue perpendiculaire-

ment de haut en bas , ce qui la distingue de la basse-lisse dont nous venons
de parler.

L'invention de la haute-lisse semble venir du Levant , et le nom de *Sar-*
razinois , qu'on donnait autrefois en
France à ces tapisseries , aussi bien
qu'aux ouvriers qui se mêlaient de les
travailler , ou plutôt de les raccom-
moder , ne laisse guère lieu d'en
douter. On croit que ce sont les Anglais et les Flamands qui , au retour
des croisades et des guerres contre les
Sarrasins , ont apporté en Europe l'art
de la haute-lisse , et qu'ils sont les
premiers qui y ont excellé.

Outre la manufacture des Gobelins ,
établie en 1667 , et celle de Beauvais
en 1664, qui subsistent depuis ce
temps avec grande réputation , il y a
encore deux autres manufactures fran-
çaises de haute et de basse-lisse , l'une
à Aubusson en Auvergne , l'autre

à Felletin dans la Haute-Marche. Ce sont les tapisseries qui se fabriquent dans ces deux derniers endroits, qu'on nomme ordinairement *tapisseries d'Auvergne*.

Il n'y a point de manufactures de tapisserie qui puisse entrer en parallèle avec celle des Gobelins. Depuis que le dessin est enseigné aux moindres ouvriers de cette manufacture, les tapisseries qui en sortent peuvent être regardées comme des chefs-d'œuvre pour la correction des formes, la fonte des couleurs, et la perfection de la main-d'œuvre. Les grandes pièces qu'on a exécutées, d'après plusieurs peintres de notre académie, surpassent tout ce que l'on a vu de beau en ce genre. Les demi-teintes y sont observées comme dans les tableaux mêmes, et font naître la même illusion dans l'âme du spectateur.

La Flandre s'est acquis beaucoup de réputation par ses tapisseries. On en fabrique aussi à Beauvais et à Amiens qui sont recherchées. On a essayé dans cette dernière ville de fabriquer des tapisseries qui ne fussent point sujettes à être rongées des insectes. C'est une propriété qui pourrait les faire préférer à des tentures plus précieuses, surtout pour les ameublemens de campagne, qui sont plutôt dans le cas d'être détruits par les vers et par les teignes.

Le métier sur lequel on travaille la haute-lisse est dressé perpendiculairement.

La planche suivante en donnera une juste idée.

PLANCHE 1. *La fabrique de la haute-lisse.*

1. Les cotterets, gros madriers ou

pièces de bois qui soutiennent les rouleaux.

2. Les rouleaux ou ensubles ; celui d'en haut porte la chaîne ; celui d'en bas la tapisserie qu'on y roule à mesure qu'elle avance ; les fils tiennent par leurs extrémités à un verdillon , ou grosse baguette qu'on emboîte dans une rainure faite à chaque rouleau.

3. Les deux tendoirs ou tendois , l'un qu'on nomme le *grand tendoi* pour tourner le rouleau d'en haut , l'autre le *petit tendoi* qui sert à tourner le rouleau inférieur.

4. La perche de lisses qui traverse toute la chaîne , enfile toutes les lisses et les présente à la main de l'ouvrier ; ces lisses sont de petites cordelettes attachées par un nœud coulant à chaque fil de la chaîne , pour être remontées à mesure que la chaîne descend ; elles servent à tirer tel fil de la chaîne que l'ouvrier veut ame-

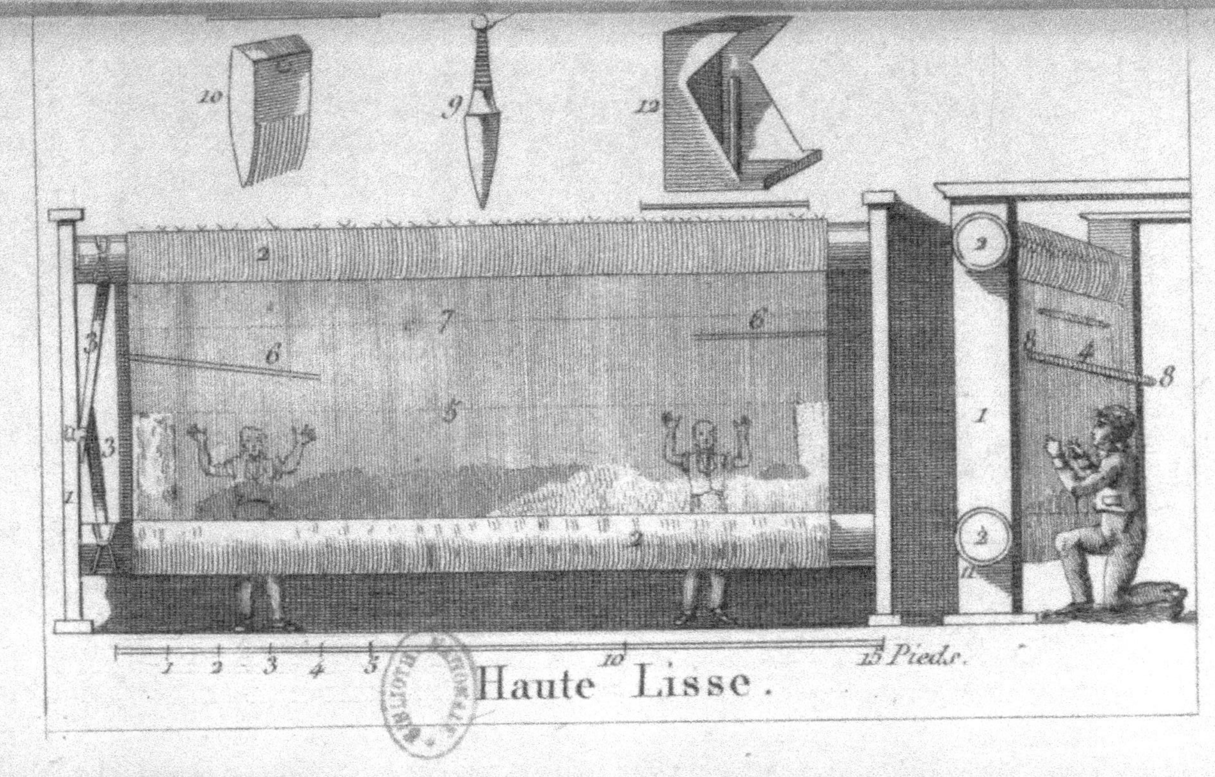

Haute Lisse.
15 Pieds.

ner ; il tient ce fil détaché des autres , et y fait passer une broche de telle trame et couleur qu'il juge à propos ; puis il laisse pendre cette broche dont il empêche le fil de s'écouler , en y faisant un las coulant. Après avoir pris en devant un ou deux fils de la chaîne , il amène par une autre lisse les fils de la partie opposée ; il les fait toujours croiser par cette alternative pour saisir et arrêter la trame. Il est aidé , dans cette distinction des fils , des deux côtés par le bâton de croisure qui est une longue baguette insérée entre les deux rangs de fils.

5. Longue trace de points formée par les bouts des lisses qui saisissent les fils de la chaîne par un nœud coulant , et embrassent d'autre part la perche de lisses.

6. Le bâton de croisure.

7. La flèche ; c'est une chaînette de fil , dont chaque chaînon contient

quatre ou cinq fils de la chaîne , et les arrête tous à l'aplomb.

8. Hardiller de fer pour soutenir la perche de lisse.

9. La broche pour insérer le fil de trame qui est dévidé dessus.

10. Le peigne pour frapper l'ouvrage.

11. Le bout du verdillon emboîté dans le rouleau.

12. La platine ou lanterne.

Quand la chaîne est montée, le dessinateur y trace devant et derrière avec un crayon noir les principaux contours des figures du tableau qu'il faut imiter. Le haute-lissier ayant bonne provision de broches pleines de fils de toutes couleurs , se met à l'ouvrage , en travaillant comme dans la basse-lisse par l'envers. Il a derrière lui son tableau qu'il regarde fréquemment ; il peut de temps en temps voir l'effet de son travail du bon côté, ce que le basse-lissier ne peut pas faire. Si quelques points altèrent les traits en prenant trop de place , il les presse et les met en ordre avec une aiguille de fer qui ne touche que l'endroit où il en est besoin. Le haute-lissier suit le dessin crayonné sur la chaîne : le basse-lissier suit , sans crayon , les traits du tableau qu'il a sous ses doigts.

Si les pièces sont larges , plusieurs ouvriers peuvent y travailler à-la-fois. A mesure qu'elles s'avancent on roule sur l'ensuble d'en bas ce qui est fait , et on déroule de dessus celle d'en haut autant qu'il faut de la chaîne pour continuer de travailler. C'est à quoi servent le grand et le petit *tendoi;* on en fait à proportion autant du dessin que les ouvriers ont derrière eux.

ART DU SERRURIER.

QUOIQUE le *serrurier* tire son nom de la fabrication des *serrures*, lesquelles sont en effet le principal objet de son travail et de son commerce, ne pensez pas, mes amis, que son art soit resserré dans des bornes étroites. Il en est peu qui soient plus étendus que le sien.

Tous les ouvrages de fer forgé qui s'emploient dans les bâtimens, tous ceux qui entrent dans la construction des machines de toute espèce, et presque tous les ustensiles qui sont d'usage dans les arts et métiers, le serrurier les fabrique. Il faut qu'il sache connaître et employer à propos les différentes qualités de fer, et qu'il

Le Serrurier.

Le Cloutier.

Le Poëlier.

Le Verrier.

ait une certaine connaissance du dessin, pour les ouvrages qui demandent
du goût et du génie, tels, par exemple, que ces grilles, ces balustrades,
ces balcons, où la richesse des ornemens et de la décoration doit se trouver réunie avec la solidité de l'ouvrage.

Nous ne parlerons pas ici des fer-
metures de porte, comme *pentures*,
pommelles, *pivots*, *bourdonnières*,
fiches, *charnières*, *verroux*, *tar-
gettes*, *espagnolettes, etc.*, parce que
ces pièces sont aussi connues que la
façon de les travailler. Nous nous
arrêterons à celui de tous les ouvrages
du serrurier qui demande le plus
d'adresse et d'habileté dans un ouvrier, qui est le plus composé, dont
l'usage est le plus important, et qui
exige plus d'attention pour lui donner
la bonté et la sûreté convenable, c'est-
à-dire, à *la serrure.*

Il y a, vous le savez, des serrures qui sont plus aisées à forcer les unes que les autres, qui donnent prise aux crochets simples, ou qu'on ne peut ouvrir qu'avec deux crochets. On ne vient à bout de quelques unes qu'avec des *rossignols* ou fausses clefs; et il y en a ordinairement d'assez parfaites pour être à l'épreuve des crochets et des rossignols. C'est donc une chose essentielle, pour un ouvrier, que de soigner ce travail, et de ne pas le faire grossièrement.

La serrure qu'on appelle *à bosse* est la plus simple et la moins coûteuse de toutes. Elle est placée dans une pièce de fer forgé et relevé en forme de bosse, et c'est de là qu'elle a pris son nom. On se sert de ces serrures pour les cloisons des caves et des greniers, pour les portes des écuries, et des étables à la campagne. Ces serrures se ferment moyennant un mo-

raillon qui sert de queue à un verrou ;
après avoir poussé ce verrou dans la
gâche destinée à le recevoir , on rabat
le moraillon sur la serrure ; par ce
moyen on a une double fermeture à
bon marché.

Les *serrures carrées* ne diffèrent
des précédentes , qu'en ce qu'au lieu
d'être en bosse , la plaque où elles
sont appliquées est toute plate et de
forme carrée , et elles se ferment par
un moraillon simple. Cette espèce de
serrure est beaucoup employée par
les layetiers , pour les pupitres , cas-
settes , et autres ouvrages de cette
nature.

Parmi les serrures qui sont destinées à servir de fermeture aux coffres,
celles qui se ferment par le poids du
couvercle , lorsqu'on le laisse retomber , portent le nom de *houssettes*.
Ces serrures s'ouvrent avec un demi-
tour à droite.

Il y a deux principales espèces de serrures employées pour les portes des appartemens, savoir : les *serrures bernades*, et les *serrures forées*. Leur principale différence est que la clef des serrures forées est percée, et que celle des bernades ne l'est point.

On distingue aussi trois différentes espèces de serrures, par rapport à la qualité et à l'exécution du travail, savoir : les *communes*, les *poussées* et les *polies*. On nomme serrures poussées, celles qui sont seulement blanchies à la lime. Toutes les pièces de ces serrures, ainsi que celles des serrures polies, se démontent à vis.

Les *cadenas* dont on fait une consommation prodigieuse pour fermer les malles, les valises, les porte-manteaux, etc., peuvent être regardés comme des espèces de serrures mobiles, et d'autant plus commodes qu'elles portent leur gâche avec elles. Pour

les faire servir de fermeture , on
adapte au bord inférieur du coffre
une passe de fer que l'on rive soli-
dement par le dedans du coffre , et on
attache au couvercle une pièce de fer
applatie et percée dans son milieu
d'une ouverture longitudinale , dans
laquelle on fait entrer la passe ; ensuite , on fait entrer dans cette passe
même l'anse du cadenas , et on le
ferme avec la clef.

Pour donner aux voitures suspendues
des mouvemens plus doux , les serru-
riers font des ressorts qu'on appelle différemment , suivant le nom de leurs
inventeurs, et qui sont des paquets de
feuilles d'acier posées les unes sur
les autres , auxquelles on donne , en
les forgeant , un petit contour , pour
que le coin du ressort qui est attaché
sous la voiture , se plie et se redresse
librement. La première de ces feuilles
est plus longue que toutes les autres ;

la seconde l'est plus que la troisième,
et ainsi de suite. Chacune doit parti-
ciper à la courbure générale qu'on
voit au *coin* ou assemblage de plusieurs feuilles d'acier ; mais les grandes doivent être plus courbées que
les petites. Ces feuilles, qui sont faites
du meilleur acier de Hongrie, sont
arrêtées les unes sur les autres, par
un ou plusieurs *boulons* ou chevilles
de fer. Plus les lames de ces ressorts
sont minces et nombreuses, plus ils
sont liants.

Les principales pièces de l'atelier
d'un serrurier sont la forge, l'enclume,
le marteau, les tenailles, l'étau et la
lime. L'ouvrier, après avoir choisi
un morceau de fer de qualité et de
grosseur convenables pour l'ouvrage
auquel il le destine, le ramollit au
feu de sa forge, qu'il anime par un
soufflet. Lorsqu'il est rouge au degré
nécessaire, il le porte sur l'enclume,

et à l'aide du marteau , il lui donne en gros la forme qu'il doit avoir ; ensuite , il le met dans un étau , et il l'y termine par le moyen de limes de diverses sortes , et d'une multitude d'autres instrumens dont l'énumération ne peut trouver place ici.

ART DU CLOUTIER.

——

Aucun de vous, mes enfans, n'ignore ce que c'est qu'un *clou*. On appelle ainsi un petit morceau de métal qui est pointu par un bout et qui a une tête plate ou un crochet à l'autre. Il sert à attacher , à suspendre ou à orner quelque chose.

Les métaux dont on se sert le plus ordinairement pour faire des clous, sont l'or , l'argent , le cuivre et principalement le fer.

3.   9

Les clous de fer se forgent au marteau sur une enclume. Les autres se fondent par les orfévres ou les fondeurs.

Pour faire un clou, on prend une verge de fer plus ou moins longue. On la chauffe par un bout dans la forge, et quand elle est rouge, on l'*amorce*, c'est-à-dire, qu'on forme la *lame* du clou sur l'enclume avec un marteau. Quand la lame est formée, on coupe le clou de la longueur nécessaire avec le marteau, sur un morceau d'acier tranchant appelé *ciseau*.

Le clou étant coupé, on le passe dans la *clouyère* par le bout pointu, et on y forme la tête à coups de marteau. La *clouyère* est un morceau de fer long d'environ trois pouces, attaché près de l'enclume et à l'extrémité duquel il y a un trou proportionné à la grosseur du clou qu'on veut faire.

Après cette opération, on fait sortir le clou de la clouyère, et on en recommence un autre, ainsi de suite, jusqu'à ce que la verge de fer soit usée.

Les clous se fabriquent si promptement qu'on en fait deux de suite sans être obligé de réchauffer le fer.

Il serait trop long de parler des diverses espèces de clous qui se fabriquent; il en est de différente forme et de différente grosseur.

ART DU POÊLIER.

Un poêle est un grand fourneau de terre ou de métal, qui a un conduit par où s'échappe la fumée, et qui sert à chauffer une chambre sans qu'on voie le feu. On le met communément dans les antichambres pour l'usage des domestiques, et aussi afin que l'air froid ne pénètre pas dans les appartemens du maître.

Les Romains en avaient de deux espèces. La première consistait en des fourneaux souterrains, bâtis en long dans le gros mur, et ayant à chaque étage de petits tuyaux qui répondaient dans les chambres, à peu près comme ceux de nos serres chaudes. La seconde était des poêles portatifs qu'ils changeaient de place quand ils voulaient. Il est cependant à présumer que les poêles, dont l'usage est si fréquent dans tous les climats froids, doivent leur origine aux habitans du nord. S'étant aperçus que le courant d'air nécessaire à l'entretien du feu dans une cheminée, refroidit le volume d'air contenu dans la chambre, à moins que ce même air ne soit échauffé à la longue par un grand feu continuel, ce qui occasionne une dépense considérable en bois, ils auront imaginé une espèce de fourneau où le feu est concentré, et dont la fumée sort par le moyen d'un tuyau qui ne laisse point entrer d'air extérieur dans l'appartement où est le poêle.

Ce meuble de commodité devint bientôt un sujet de luxe, et on est parvenu à en faire des ornemens pour la décoration des endroits qu'ils échauffent. Les avantages des poêles sont d'entretenir une chaleur toujours à peu près égale ; de ménager plus ou moins le bois, dont il se fait une grande consommation dans une cheminée où il y a un feu continuel ; et de donner le moyen d'augmenter ou de diminuer l'action du feu et la combustion des matières, en modérant à son gré l'introduction de l'air, à raison du plus ou moins d'ouverture des issues destinées à son passage. Néanmoins, si les poêles de fonte, de fer,

même de faïence, dont on se sert ordinairement, donnent beaucoup de
chaleur, si même ils peuvent être
moins nuisibles dans des appartemens
humides ou souvent ouverts, que dans
des appartemens secs; il n'en est
pas moins certain qu'ils occasionnent
beaucoup de maladies par le dessé-
chement et la grande raréfaction de
l'air qui en détruit l'élasticité; qu'ils
affectent la poitrine, donnent de vio-
lens maux de tête, et même des lan-
gueurs d'estomac jusqu'à occasionner
des faiblesses à ceux qui ne sont pas
accoutumés à cette chaleur.

ART DU VERRIER.

La verrerie est sans doute un des plus beaux présens que la chimie ait faits aux hommes. Cet art nous fournit les vases les plus propres, les plus commodes, les plus agréables. Il nous procure les moyens de nous mettre à l'abri des injures de l'air sans nous priver des charmes de la lumière. La conservation d'une infinité de liqueurs précieuses lui est uniquement due. C'est par son secours que nous remédions aux défauts de notre vue, ou que nous réparons l'affaiblissement que le nombre des années y produit. L'astronomie ne doit ses plus grands progrès qu'à l'art de la verrerie. L'usage des grandes lunettes a perfectionné la connaissance du ciel, fait découvrir de nouvelles étoiles, de nouveaux mondes entièrement inconnus à l'antiquité. Sans cet art merveilleux, la physique ignorerait encore une infinité de beaux phénomènes, tels que la décomposition de la lumière, qui se fait en passant au travers d'un verre triangulaire nommé *prisme*, et sa recomposition en réunissant les mêmes rayons simples par le moyen d'une loupe. Elle ignorerait peut-être encore toutes les expériences d'optique, de catoptrique et de dioptrique. Et que de découvertes n'a-t-on pas faites avec les microscopes ! Je ne finirais pas si je voulais faire l'énumération de tous les arts que la verrerie a fait naître.

L'invention du verre est très-ancienne. Les livres de Moïse et de Job en font mention. *Aristophane*, *Aristote* et *Pline* en parlent dans leurs ouvrages. *Aristote* propose deux problèmes sur le verre. Il demande dans le premier pourquoi nous voyons au travers du verre, dans le second, pourquoi le verre ne peut se plier. Ces deux problèmes sont un des monumens les plus anciens de l'existence du verre. Il paraît qu'elle est du même temps que celle des briques et de la poterie. En effet, il est bien difficile, lorsqu'on a mis le feu à un fourneau à briques ou à poteries, qu'il n'y en ait en quelques endroits de converties en verre.

Pline le naturaliste dit que sous l'empereur Tibère le bruit se répandit qu'un homme avait trouvé le secret de rendre le verre malléable. *Pétrone* entre dans un plus grand détail. Un ouvrier, dit-il, fit une bouteille qui n'était pas sujette à se casser. Il la présenta à Tibère, et la jeta contre le plancher. La bouteille se froissa

comme un vaisseau de métal, et l'ouvrier lui rendit à coups de marteau la
forme qu'elle avait perdue en tombant.
L'empereur, surpris, lui demanda si
quelqu'un savait ce secret. L'ouvrier
lui répondit qu'il ne l'avait communiqué à personne. Là-dessus ce prince
lui fit trancher la tête, en disant que
si ce secret était divulgué, les métaux
perdraient bientôt leur prix. *Pline*
donne cela comme un bruit généralement répandu, mais dont le fait n'é-
tait pas bien certain. A l'égard de
l'ouvrier, cet écrivain dit seulement
qu'on lui ôta les moyens de pouvoir
travailler à son prétendu secret. *Hau-*
dicquer de Blancour dit dans son *Art*
de la verrerie, qu'un particulier ayant
trouvé le même secret, remit en leur
premier état, sous les yeux du *car-*
dinal de Richelieu, les débris d'une
statue de verre, qu'il avait à dessein
laissée tomber aux pieds de son émi-

nence. La perte de la liberté de cet artiste fut la récompense de son invention.

Quoi qu'il en soit , la recherche du verre malléable, comme celle de la pierre philosophale , a produit plusieurs découvertes utiles. Cette recherche a occasionné , selon toute apparence, la découverte des verres métalliques , des verres coloriés et des émaux , qui , comme l'on sait, sont des espèces de verre.

S'il résulte des passages que j'ai cités plus haut, que le verre est d'une invention fort ancienne , la perfection de cette précieuse matière appartient aux modernes. La nature , pour nous mettre à l'abri des injures de l'air, sans nous priver de la lumière , nous fournit le gypse et le talc qui ont la transparence du verre et qui furent longtemps employés en place de vitres. Le cristal de roche , qui est un

verre naturel formé par la cristallisa-
tion, aurait pu aussi remplacer le
verre artificiel, même avec avantage;
mais outre que les grands morceaux
d'une beauté passable sont fort rares,
il est si dur qu'on ne le travaille qu'a-
vec beaucoup de peine. Ainsi il ne
pouvait tout au plus servir que comme
un modèle que la nature proposait aux
hommes à imiter. Le papier enduit
d'huile acquiert une demi-transparence, et tient lieu de vitres dans les
endroits ou peu de lumière suffit;
mais cette invention est postérieure à
celle du papier, et ne peut jamais remplacer le verre avec avantage.

La fabrication des vases, bouteilles
et ustensiles de verre, a, selon toute
apparence, précédé l'usage de l'employer en vitres. Avant qu'on connût
cet usage, on se servait de jalousies
et de rideaux dans les pays chauds,
comme on le pratique encore dans la

Turquie asiatique. A la Chine, les fenêtres ne ferment qu'avec des étoffes fines enduite de cire luisante.

Les Romains se contentèrent long-temps de treillis : à mesure que le luxe augmenta, ils s'avisèrent d'employer en place de vitres, qu'ils ne connaissaient pas encore, le gypse qu'ils fendaient en feuilles minces. Les personnes opulentes fermaient les ouvertures de leurs salles de bains avec des agates et des marbres blancs délicatement travaillés. Il paraît que c'est dans les pays froids que l'usage d'employer le verre en vitres s'est d'abord introduit, et cette invention a été bientôt suivie de celle des glaces et des miroirs. C'est vraisemblablement dans les églises qu'on a commencé à faire usage des vitres de verre, dont on ne se servit d'abord que pour la commodité, et pour se mettre à l'abri de l'intempérie des

3.   10

saisons ; mais l'art se perfectionnant ,
on les fit servir à décorer ces édifices
par les belles peintures qu'on mettait
dessus. C'est ainsi que l'abbé *Suger*
fit faire dans le douzième siècle les
vitres de l'abbaye de Saint-Denis en
France, qui étaient magnifiquement
décorées de peinture. *Grégoire de
Tours*, qui vivait au sixième siècle ,
parle de l'usage des vitres dans son
livre sur les miracles de saint Julien ,
et dans son premier livre sur les mar-
tyrs. Le poëte *Fortunat* , qui vivait
sur la fin du même siècle , parle des
vitres de l'église de Paris , en faisant
la description poétique de cette église.
Au commencement du huitième siècle , les Anglais firent venir des vi-
triers de France pour apprendre à ar-
ranger les vitres de leurs églises ,
comme on le voit dans *Bede*, et dans
les *actes des évêques d'Yorck*. L'u-
sage du plomb n'étant pas encore

connu pour les vitrages, on posait dans ces premiers temps les petites vitres sur des chassis de bois.

Les matières qui entrent dans la composition du verre sont de deux espèces principales ; les unes sont salines et fusibles par conséquent, et les autres sont terreuses. Elles ne peuvent se fondre ni se réduire en verre tant qu'elles sont seules exposées au plus grand feu que l'on puisse faire. Ces matières traitées séparément ne pourraient point faire du verre ; mais c'est de leur union et de leur juste proportion, à l'aide d'un feu convenable, que résulte le verre de bonne qualité.

Les matières salines qu'on fait entrer dans le verre, sont la potasse, la cendre gravelée et surtout la soude. Les matières terreuses sont de deux espèces : les terres vitrifiables et les terres calcaires. Toutes les pierres et terres vitrifiables sont propres à cet usage, comme les quartz, les cailloux, le cristal de roche, les sables, etc. ; mais ordinairement on ne se sert que des sables, parce que la nature nous les fournit dans un état de division qui est plus commode pour l'usage , au lieu que si l'on voulait employer les pierres vitrifiables, il faudrait préliminairement se donner la peine de les réduire en poudre , ce qui augmenterait considérablement la main-d'œuvre.

Plusieurs verriers font entrer aussi dans la composition du verre une certaine quantité d'argile , de cendres lessivées, provenant de lessives de blanchisseuses, qu'ils nomment *charrées* , et des cendres de fougère.

Les terres calcaires qu'on fait entrer dans la composition de certains verres, sont la craie, le moëllon réduit en poudre , la chaux vive et éteinte à

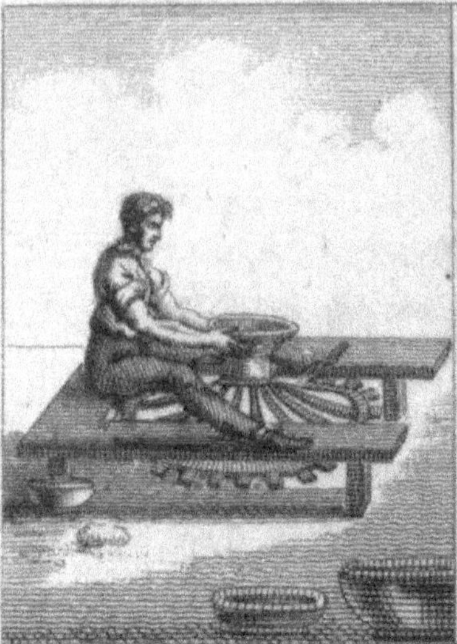

Le Potier de terre.

Le Potier d'étain.

Le Chaudronnier.

Le Ferblantier.

l'air , etc. ; mais il est bon de ne faire entrer de cette espèce de terre qu'en très-petite quantité dans la composition de ce verre , sans quoi il serait plus susceptible de se casser.

ART DU POTIER DE TERRE.

Vous imaginez sans peine , mes enfans , que cet art est un de ceux qui ont dû se présenter les premiers à l'industrie humaine. Mais quoique la poterie fût en usage avant que l'on travaillât les métaux ; quoique les anciens fissent de très-beaux ouvrages en ce genre , comme on le voit par les urnes et les lampes sépulcrales qui se sont conservées jusqu'à nous; quoiqu'on ait donné dans quelques provinces une certaine perfection à la poterie , le peu de délicatesse des ouvrages qui en sortent, prouve qu'ils n'ont pas encore en France toute la beauté dont ils sont susceptibles.

Cet art commença en Orient, et fut aussi honoré des Israélites qu'il est avili parmi nous. Dans la généalogie de la tribu de Juda, l'écriture sainte fait mention des potiers de terre qui travaillaient pour le roi, et qui demeuraient dans ses jardins.

L'occident connut beaucoup plus tard cette invention, qui immortalisa le nom de *Chorœbus* chez les Athéniens. Les Toscans du temps de *Porsenna* excellèrent si bien dans cet art, que leurs ouvrages de terre cuite le disputaient pour le prix, sous l'empire d'Auguste, aux vases d'or et d'argent. Quelle différence cependant de leur poterie à la porcelaine des Chinois!

Il n'est point de province dans la France où l'on ne trouve des terres propres à la poterie. Le Languedoc se distingue par ses tuyaux pour conduire les eaux , ses jarres ou grandes cruches à mettre de l'huile, et ses vases à faire la lessive , ornés de figures et d'agrémens rustiques. Les poteries de la Normandie , de la Champagne et de la Picardie sont recherchées pour leur bon marché. La manufacture du faubourg Saint - Antoine , à Paris , n'est pas moins renommée pour ses poéles de toutes grandeurs et d'un dessin charmant , que les poteries d'Angleterre , par leur légèreté , la régularité de leur forme et la beauté de leur dessin. Malgré tout cela , cet art est encore imparfait en Europe : on n'y fait ni les essais, ni les tentatives et les ébauches qu'il serait à propos de faire pour ses progrès. Le bas prix auquel on vend cette sorte d'ouvrage fait que les ouvriers ne font aucune expérience , et qu'ils ne s'étudient point à perfectionner leur art.

Les sauvages de la Louisiane, beaucoup plus adroits que nous en ce genre, fabriquent tous les vaisseaux dont ils ont besoin sans le secours d'aucun instrument , ce qui ne nous serait pas d'une facile exécution.

L'espèce de terre que les potiers emploient est l'argile ordinaire. Ils ont soin d'employer celle qui est un peu sableuse, et ne la lavent point comme font les faïenciers et les manufacturiers de porcelaine. Cette opération rendrait à la vérité les marchandises meilleures , mais elle augmenterait la main-d'œuvre et le prix des poteries en terre. Ils séparent néanmoins autant qu'ils peuvent les pyrites , lorsqu'il s'en trouve dans les argiles qu'ils emploient. C'est ce qu'ils nomment la *feramine*. Cette feramine , pendant la cuite des pièces , les fait fendre à

l'endroit où elle se trouve, et y forme
des trous.

La *roue* et le *tour* sont presque les
seules machines et les seuls instrumens dont les potiers de terre se servent pour donner la forme à leur poterie. On emploie la roue pour les
grands ouvrages, et le tour pour les
petits ; mais dans le fond ils ne diffèrent l'un de l'autre que par la manière de s'en servir.

La *roue* des potiers consiste principalement dans la *noix*. C'est un arbre
ou pivot posé perpendiculairement
dans une *crapaudine* de grès qui est
dans le fond de ce qu'on appelle l'emboiture. Des quatre coins de cet arbre,
qui n'a guère moins de deux pieds de
hauteur, sortent, par en bas, quatre
barres de fer qu'on nomme les *rais*
de la roue, qui, formant chacune avec
l'arbre des lignes diagonales, tom-
bent et sont attachées par en bas sur

10*

les bords d'un cercle de bois très-fort de quatre pieds de diamètre , semblable en tout aux jantes d'une roue de carrosse , à la réserve qu'il n'y a ni essieu ni rayon , et qu'il ne tient à l'arbre , qui lui sert comme d'essieu , que par les quatre barres de fer.

Le haut de la noix est plat , de figure circulaire , et d'un pied de diamètre. C'est là où se pose le morceau de terre - glaise qu'on veut tourner. Cette partie de la noix se nomme *girelle* ou *tête de la roue.*

C'est sur cette *girelle* que le potier , après avoir préparé sa terre , place le morceau qu'il veut tourner , et qu'il lui fait prendre la forme convenable.

Le *tour* des potiers est aussi une espèce de roue , mais moins forte et moins composée que la roue proprement dite.

La roue et le tour ne servent qu'à former et tourner le corps des vases et leurs moulures. Les pieds, les anses, les queues, les ornemens, s'il y en a, se font et s'appliquent ensuite à la main. Quand il y a de la sculpture à l'ouvrage, elle se fait ordinairement dans des moules de terre ou de bois, préparés par le sculpteur, à moins que l'ouvrier ne soit assez habile pour les faire à la main, ce qui est assez rare.

ART DU POTIER D'ÉTAIN.

L'ARTISAN qui fabrique toutes sortes de vaisselles, d'ustensiles et d'ouvrages d'étain, fait dans son genre tout ce que le potier de terre fait dans le sien, et ses ouvrages ont un peu plus de solidité.

Les potiers d'étain distinguent l'étain doux, qui est le plus fin, d'avec

l'étain aigre qui l'est moins. Ils le
tirent d'Angleterre, des Indes Espa-
gnoles ou de l'Allemagne : ce dernier est estimé le moins bon.

Avant de mettre l'étain en œuvre,
il faut le faire fondre ; pour cet effet
le potier d'étain doit avoir une chaudière de fer qui tienne à proportion
de ce qu'il a à fondre. A mesure que
l'étain fond, on a soin de retirer les
cendres qui s'amassent au-dessus ;
ces cendres ne sont autre chose qu'une
espèce de chaux d'étain que l'on fond
de nouveau, et que l'on réduit en
étain en y mêlant de la graisse ou de
la poix résine.

Les potiers d'étain ont deux sortes
de moules qui sont ordinairement de
cuivre ; savoir : ceux qui servent pour
la vaisselle plate, et ceux qui servent
pour la poterie. Les moules pour la
vaisselle sont composés de deux
pièces, l'une qui forme le dessus de

la pièce, et l'autre qui forme le dedans ; ces deux pièces laissent entre elles un vide dans lequel on coule le métal qui doit former la pièce. Les moules de poterie sont composés de quatre pièces, deux pour le bas de la pièce, et deux pour le haut. Avant de jeter dans les moules il faut les préparer ; cette préparation consiste à les écurer avec de la ponce en poudre, délayée dans du blanc d'œuf, qu'on y applique avec un pinceau de crin, ce qu'on appelle *potoyer les moules* ; ensuite on les fait chauffer par dehors.

L'habileté pour bien jeter, consiste à savoir connaître le vrai degré de chaleur, tant de l'étain fondu que du moule. C'est une chose qui consiste uniquement dans l'habitude. La vaisselle d'étain fin doit être jetée plus chaude que celle d'étain commun, parce qu'elle en soune mieux. Quand

le moule est chaud suffisamment, on
le prend avec des morceaux de cha-
peau, on en pose les pièces horizontalement l'une sur l'autre, et par le
moyen d'un cercle de fer on les as-
sujettit bien ; ensuite on les place
dans le sens vertical, en sorte que
le *jet*, c'est-à-dire, l'espèce de godet
par lequel on doit couler le métal, se
trouve en haut. On puise de l'étain
dans la chaudière avec une cuiller de
fer, et on jette la pièce d'un seul
jet, autant que faire se peut. Dès
qu'elle est prise, on abaisse le moule ;
on frappe sur le côté avec un maillet
de bois. Le moule s'ouvre, et on
enlève la pièce en la soulevant avec
une lame de couteau : en observant
toujours la même manœuvre, on jette
successivement autant de pièces qu'on
en désire.

ART DU CHAUDRONNIER.

Si le bruit des marteaux qui re-
tentissent dans l'atelier du chaudronnier ne vous arrête pas , suivez-
moi , mes enfans , et venez prendre
une légère idée des travaux de ces
ouvriers qui fabriquent toutes sortes
d'ouvrages en cuivre, tels que les
chaudrons , les poissonnières , les
fontaines , les casseroles , etc.

Le cuivre est de deux sortes , le
rouge et le jaune. Ces deux espèces
de cuivre sont la matière ordinaire
des fontaines , des cuvettes , des
chaudières grandes et petites , nécessaires aux teinturiers et à beaucoup d'autres manufactures : c'est
aussi la matière la plus ordinaire de
toutes les batteries de cuisine.

Le cuivre rouge, par sa grande ductilité, s'alonge aisément sous le marteau ; il se met en lame, s'arrondit, se plie, et prend sans résistance la forme qu'on veut lui donner.

Le cuivre jaune qui, par le mélange de la calamine, est devenu moins obéissant au marteau qu'à la fonte, coule aisément dans tous les moules qu'on lui présente ; il prend fidèlement tous les traits qu'on a voulu lui imprimer.

C'est de la Suède et de Hambourg que nos chaudronniers tirent le cuivre qu'ils emploient. Celui qui vient de cette dernière ville est préparé et à demi façonné pour différens ouvrages : c'est celui que les chaudronniers emploient pour faire divers chaudrons.

Les chaudronniers reçoivent le corps des chaudrons tout *embouti*, c'est-à-dire, formé comme il doit

l'être ; il n'ont, pour le perfectionner, qu'à lui former un bord par le
moyen d'un marteau de bois ou de
fer ; c'est ce qu'on appelle *rabattre le
bord.*

Quand il est bordé, on le plane
en le battant en dedans et en dehors
avec un marteau de fer, pour rendre
le cuivre moins cassant. Après cette
opération, on le nettoie avec de l'eau
forte et de la lie de vin pour lui donner
l'éclat qu'il doit avoir : on y cloue
ensuite, de chaque côté, deux petites
oreilles de cuivre, dans chacune desquelles on place une anse de fer.

Les autres pièces de chaudronnerie
se font à peu près de la même manière ; mais il y en a plusieurs,
comme les fontaines et les casseroles
que le chaudronnier *étame* avant de
les livrer, pour les garantir de la
rouille ou du vert-de-gris auquel ces
pièces sont très - sujettes, et qui,

comme on le sait , est un poison mortel.

Pour faire l'*étamage*, l'ouvrier commence par racler jusqu'au vif , par le moyen d'un grattoir d'acier , la superficie du vaisseau dans les endroits où il veut l'étamer ; ensuite il le place sur le feu ; et lorsqu'il est suffisamment chauffé , il le frotte avec de la poix-résine , après quoi il verse un mélange de deux tiers d'étain et d'un tiers de plomb , qu'il a soin de tenir tout prêt en fusion. Pour étendre l'étamage , on se sert d'une poignée d'étoupes que l'on tient à la main , et par le moyen de laquelle on distribue le mélange avec uniformité sur toute la surface qu'on veut étamer.

Les Levantins ont une façon d'étamer qui est plus sûre que la nôtre ; elle consiste à nettoyer les pièces de cuivre avec du mâchefer ou du sable , à les faire rougir sur un feu de charbon de bois , et à jeter sur ces pièces quelques pincées de sel ammoniac , avec de petits morceaux d'étain fin ; dès qu'on a frotté la place qu'on veut étamer , avec une longue baguette d'étain , on l'essuie tout de suite avec une poignée de coton arçonné. La pièce de cuivre étant toujours sur le feu , on y rejette une seconde fois du sel ammoniac ; on y remet de l'étain , qu'on ne cesse d'étendre jusqu'à ce que le cuivre soit d'un blanc d'argent , et également bien poli partout. Lorsqu'on veut étamer de deux côtés , on retourne la pièce , et on repète la même opération ; ce qui étant une fois fait, le feu ne saurait l'endommager. Cette méthode d'étamer préserve d'une infinité d'accidens qui sont beaucoup plus communs parmi nous , qu'on ne le pense ordinairement.

ART DU FERBLANTIER.

Les services que le ferblantier rend à la société, sont assez essentiels pour que nous consacrions à son art un petit moment d'attention.

La plupart de ceux qui font usage des lampes, des lanternes, et des divers ouvrages que nous devons à l'industrie du ferblantier, ignorent de quelle façon le fer-blanc se fabrique. Avant le ministère de Colbert, il n'y en avait encore en France aucune manufacture.

Celles qui existent aujourd'hui reçoivent d'abord le fer en petits barreaux; le meilleur est celui qui s'étend facilement, qui est ductile et doux, et qui se forge bien à froid. On le

chauffe, on l'applatit d'abord un peu ,
et dès le premier voyage , sous le gros
marteau , on le coupe en petits morceaux qu'on appelle *semelles*. La se-
melle peut fournir deux feuilles de fer
blanc. On chauffe ces morceaux jusqu'à les faire étinceler violemment
dans une espèce de forge ; on les applatit grossièrement ; on chauffe ensuite une troisième fois , et on les étend
sous le même gros marteau , jusqu'à
doubler à peu près leur longueur et
largeur ; puis on les plie en deux suivant la longueur , et on les trempe
dans une eau trouble qui contient une
terre sablonneuse. L'effet de cette im-
mersion est d'empêcher les plis de se
souder.

Quand on a une grande quantité
de ces feuilles pliées en deux , on les
transporte à la forge ; on les y range
à côté les unes des autres , verticale-
ment sur deux barres de fer qui les

tiennent élevées, et l'on en forme une file plus ou moins grande selon leur épaisseur : on appelle cette file une *trousse*. Un levier de fer qu'on lève ou qu'on abaisse quand il en est temps, sert à tenir la trousse ; on met ensuite dessous et dessus du plus gros charbon, et l'on chauffe. Quand on s'aperçoit que la file est bien rouge, un ouvrier prend un paquet ou une trousse de quarante de ces feuilles doubles, et le porte sous le marteau. Ce second marteau est plus gros que le précédent ; il pèse sept cents, et n'est point acéré.

La trousse est battue sous ce marteau, jusqu'à ce que les feuilles aient acquis à peu près leur dimension ; mais on doit observer que les feuilles qui touchent immédiatement à l'enclume et au marteau, ne s'étendent pas autant que celles qui sont renfermées entre elles.

Le Fayencier.

Le Porcelainier.

Le Vernisseur.

Le Batteur d'Or.

C'est à force d'être chauffées et battues que les feuilles reçoivent l'extension qu'elles doivent avoir. On les rogne ensuite ; on les équarrit et on les polit ; après quoi on les étame.

On imite en fer-blanc tous les ustensiles qu'on peut fabriquer en argent, comme plats, bassins, assiettes, etc. : il s'en consomme quantité dans les armemens de mer.

ART DU FAIENCIER.

La faïence est une poterie perfectionnée ; et comme cette nouvelle espèce de poterie fut d'abord fabriquée à *Faënza*, ville d'Italie, elle prit le nom de cette cité d'où elle tirait son origine. Longtemps après, un Italien, qui s'était établi en France, trouva, aux environs de Nevers , une terre semblable à celle dont on se servait , dans sa patrie, pour faire de la *faïence*; il la prépara et en fit l'essai dans un petit four qu'il fit construire à cet effet. C'est depuis cette époque que cette branche de commerce s'est si fort répandue en France et ailleurs.

Il y a deux espèces de faïence ; l'une est une poterie fine de terre cuite , recouverte d'un enduit d'émail blanc qui lui donne le coup-d'œil et la propreté de la porcelaine , et qui sert aux mêmes usages sans pouvoir aller sur le feu. L'autre est une faïence plus commune , sur laquelle on ne met pas un émail aussi blanc que sur la première , parce qu'elle est faite pour aller sur le feu , comme les poteries de terre vernissées , qu'elle peut remplacer avec avantage , étant infiniment plus propre et plus agréable à l'œil.

La terre avec laquelle on fait la faïence, est de l'argile un peu sableuse. On choisit ordinairement pour ce travail, les argiles qui sont bien liantes, et qui contiennent le moins de parties ferrugineuses ; les belles faïences se font même avec des argiles blanches.

Comme toutes les argiles contiennent une certaine quantité de sable grossier, on le sépare par le lavage de la manière suivante :

On délaie l'argille dans une très-grande quantité d'eau ; on la fait passer au travers d'un tamis de crin moyen, et on fait écouler à mesure cette eau chargée d'argile dans de grandes fosses qu'on a pratiquées en plein air. Ces fosses ont deux pieds et demi de profondeur, sur une largeur proportionnée à la force de la manufacture et à la grandeur des lieux ; les côtés en sont garnis de planches, et les fonds sont pavés de tuiles ou de briques.

Les faïenciers sont dans l'usage de laisser cette terre dans les fosses pendant une année ; ils pensent que dans cet espace de temps la terre se pourrit, se mûrit et se façonne, c'est-à-dire, que toutes ses parties se détrempent mieux, et prennent une liaison plus complète ; d'où il résulte que l'ouvrage qu'on en fait se fabrique mieux, et prend à la cuite une meilleure qualité.

Lorsque la terre a perdu, par l'écoulement et par l'évaporation, une certaine quantité de son eau, on l'enlève avec des pelles ; on en forme des monceaux sans l'entasser, afin qu'elle présente plus de surface à l'air, et pour accélérer sa dessiccation jusqu'à ce qu'elle soit pétrissable dans les mains sans s'y attacher. C'est dans cet état de souplesse qu'on l'emploie pour fabriquer la faïence, après l'avoir pétrie avec les pieds, afin qu'elle se trouve d'une mollesse égale partout.

La terre étant ainsi préparée, on la met sur le *tour* pour en former des pièces. Nous ne donnerons ici aucun détail sur la manière de tourner ces pièces, ni sur celle de les *tournaser*, lorsqu'elles sont à demi sèches, ni sur la manière de *mouler* les grandes pièces de faïence ; ce travail, ainsi que les tours, étant les mêmes que pour la porcelaine.

Le *blanc*, ou l'émail qui fait la couverte de la faïence, est composé de plomb, d'étain, de sable et d'alkali, fondus et vitrifiés ensemble. Quand ce blanc a été vitrifié dans le four, on le broie dans des moulins semblables à ceux qui servent à broyer les matières qui entrent dans la composition de la porcelaine. On met dans ces moulins l'eau nécessaire pour faciliter le broiement de cet émail, et en former une espèce de bouillie claire, à peu près de la consistance de celle dont les peintres se servent pour peindre les murailles en détrempe.

On applique cet émail sur le biscuit, de la même manière qu'on applique la couverte sur la porcelaine. La beauté de la faïence dépend, en grande partie, de la blancheur de la couverte, qui doit être bien fondue, très-mince, et d'une épaisseur égale partout : il faut aussi que cet émail ne soit pas sujet à s'*écailler*, ce qui arrive très-communément à la plupart des faïences les plus belles.

La plus grande partie des faïences sont peintes ; on y applique des couleurs qui forment différens dessins, comme sur la porcelaine. Quelques-unes de ces couleurs se mettent sur la couverte avant de la cuire.

La faïence commune n'est ordinairement peinte qu'en bleu , façon de porcelaine de la Chine , parce que cette couleur résiste parfaitement bien au feu , et qu'elle est à très - bon compte.

La faïence qui va sur le feu est la même que la première dont j'ai parlé ; mais pour lui donner cette propriété , les faïenciers ajoutent dans sa composition une certaine quantité de terre cuite qui a été réduite en poudre.

L'intérieur de ces pièces de faïence , destinées à aller au feu , est ordinairement enduit d'émail blanc , qui est le même que celui qu'on met sur la belle faïence ; mais il est moins beau , parce qu'il est chargé d'une plus grande quantité de verre de plomb. L'extérieur en est enduit d'une couverte ou émail brun , qui s'applique aussi de même que l'émail de la belle faïence , en sorte qu'il ne diffère de ce dernier, qu'en ce qu'au lieu de chaux d'étain ,

11*

on fait entrer de l'ochre dans sa composition.

ART DE FABRIQUER LA PORCELAINE.

TANDIS que les animaux n'ont jamais que le même instinct, et n'é-
tendent jamais leurs connaissances
naturelles, l'homme fait toujours de
nouveaux progrès dans les arts ; et
le perfectionnement de l'individu sert
à la société toute entière. C'est ainsi ,
mes enfans , que nous voyons de
siècle en siècle notre condition s'amé-
liorer. Les arts les plus informes dans
leur origine , prennent un caractère
de perfection qui nous étonne. Il
suffit , pour en être convaincu , de
voir combien il y a loin du travail du

potier de terre, à celui du fabricant de porcelaine.

Vous connaissez la porcelaine, et ceux d'entre vous qui ont visité la manufacture de Sèvres, n'ont plus rien à apprendre à cet égard. Consacrons néanmoins un petit article à cet art merveilleux, dont les Orientaux étaient depuis longtemps en possession. Si l'on en croit les relations que nous avons de la Chine, la porcelaine y a été connue de toute antiquité, quoiqu'on ignore le nom de son inventeur et l'époque de sa découverte. Les Japonnais sont ceux qui paraissaient jusqu'ici avoir surpassé tous les autres peuples dans cet art. Il était reservé à la manufacture de Sèvres de surpasser celles du Japon, de la Saxe, et de tous les autres pays.

Les qualités que doit avoir la bonne porcelaine, peuvent être considérées

sous deux points de vue ; 1° ses qualités intérieures , 2° ses qualités extérieures.

Les qualités intérieures de la porcelaine ne sont sensibles qu'au vrai
connaisseur. Il faut pour les apercevoir dépouiller , pour ainsi dire ,
la matière de tout ornement extérieur , et en examiner les fragmens
dans leur cassure.

La porcelaine la plus estimée et
qui mérite la préférence à juste titre ,
est celle dont la cassure présente un
grain très-fin , très-serré , très-com-
pact, qui s'éloigne autant du coup-
d'œil plâtreux et terreux , que de
l'apparence de l'émail fondu.

La belle porcelaine doit avoir une
demi-transparence nette et blanche ,
sans cependant être trop claire. Il
faut qu'elle n'ait rien de l'apparence
du verre et du girasol. La pocelaine
pour être parfaite , doit avoir un enduit

que l'on nomme *couverte*, et qui n'est qu'un cristal net, pur et transparent, sans mélange, par conséquent, d'aucune substance matte et laiteuse, comme est la couverte des faïences. Ce cristal doit être parfaitement fondu et étendu bien uniformément sur la pâte, semblable à un vernis très-mince, sans être ni gercé, ni fendillé, et il doit ne laisser apercevoir que le blanc de la pâte.

Les qualités extérieures de la porcelaine sont absolument indépendantes des bonnes qualités intérieures dont nous venons de parler.

Ses qualités extérieures sont une blancheur éclatante et agréable, une couverte nette, uniforme et brillante, des couleurs vives, fraîches et bien fondues, des peintures élégantes et correctes, des formes nobles, bien proportionnées, et agréablement variées, enfin de belles dorures, sculp-

tures et gravures , et autres ornemens
de ce genre. Toutes les porcelaines
de France surpassent actuellement ,
pour ces qualités extérieures , toutes
les porcelaines connues.

La bonne porcelaine doit soutenir
alternativement, sans se casser ni
se fêler , la fraîcheur de l'eau prête à
se geler , et le degré de chaleur de
l'eau bouillante, du café , du bouil-
lon , du lait bouillant qu'on y verse
brusquement ; elle doit rendre , quand
on frappe des pièces entières , un son
net et timbré , qui approche de celui
du métal. Ses fragmens jettent sous
les coups de briquet , des étincelles
vives et nombreuses, comme le font
les pierres à fusil ; enfin elle soutient le plus grand degré de feu, celui
d'un four de reverbère , par exemple ,
sans se fondre , sans se boursouffler ,
sans devenir sèche et friable , en un
mot sans être altérée d'une manière

sensible. On peut dire, en général, qu'une porcelaine est d'un service d'autant meilleur, qu'elle soutient mieux les épreuves dont je viens de parler.

On fait à la Chine, au Japon, et dans les autres parties des Indes, des porcelaines qui possèdent toutes ces bonnes qualités, mais qui pour l'ordinaire ne sont pas d'un très-beau blanc ; au lieu qu'en Europe, et surtout en France, on fait des porcelaines de la dernière beauté, et qui ont toutes les bonnes qualités de la porcelaine des Indes.

ART DU VERNISSEUR.

La rivalité si naturelle aux peuples qui ont entre eux quelques relations de commerce, en excitant une réciproque émulation, anime leur industrie, les porte non seulement à imiter celle qui leur est étrangère, mais encore à la perfectionner, à la surpasser même, surtout lorsque les besoins du luxe les y engagent. C'est ainsi que l'Europe doit aux habitans d'une autre partie du monde l'art de composer le vernis, art qu'elle eût peut-être toujours ignoré, sans le commerce qu'elle a eu avec les peuples qui le cultivent. Mais comme ces peuples, naturellement jaloux de leurs découvertes, en fai-

saient mystère aux étrangers, qu'ils
avaient en outre l'avantage de posséder eux seuls les matières les plus
propres à la composition du vernis,
il fallut que nos artistes créassent en
quelque façon ce nouvel art ; que
pour y réussir ils trouvassent, dans
leur climat, des matières équivalen-
tes à celles qui venaient d'elles-mêmes
sous un autre ciel, et que la nature
leur refusait, et qu'à force d'expériences, ils parvinssent à faire des
vernis égaux, ou même supérieurs
à ceux des Chinois.

Nos missionnaires de la Chine furent les premiers qui, dans le quin-
zième siècle, nous donnèrent une
connaissance confuse du vernis dont
se servait ce peuple. Ce ne fut que
dans le dix-septième siècle que les
pères *Martino-Martini* et *Kirker*,
transmirent un détail assez exact des
procédés usités dans ce pays pour

vernisser toutes sortes de meubles, les murailles des chambres, les lambris et les planchers des maisons , qui sont couverts de couleurs éclatantes et variées , et rehaussés d'ornemens d'or.

Le premier Français qui parut avoir mis à profit les notions qu'avaient données nos missionnaires, fut le père *Jamart* , ermite de l'ordre de saint Augustin , qui composait un vernis différent de celui de la Chine , quoiqu'il en eût toute l'apparence , qu'il plût beaucoup , et qu'il passât pour tel. Depuis que ce religieux eut communiqué au public la composition de son vernis , il est incroyable combien de particuliers se sont exercés à le perfectionner , à le surpasser , à en imaginer de nouveaux , au moyen des différentes combinaisons des gommes, des résines , des bitumes , etc.

Comme les vernis diffèrent dans leur espèce, relativement aux matières qui entrent dans leur composition, et aux vases dans lesquels on dissout ces mêmes matières , on distingue en général trois sortes de vernis : les *vernis à l'esprit de vin* ou *dessica-tifs* , c'est-à-dire , ceux qu'on fait avec des matières dissoutes à l'esprit de vin , et qui sèchent promptement. De tous les vernis ce sont ceux qui sont les moins solides , parce que le moindre frottement les altère et y forme des rayures. Les *vernis gras* forment la seconde classe : ce sont ceux qui sont composés de diverses résines dissoutes dans l'huile. Ceux-ci ont la propriété d'être plus durs que les premiers , et par conséquent d'être plus difficiles à entamer. La troisième et la plus parfaite de toutes les espè-ces de vernis , est celle où il n'entre que des bitumes , ou des résines in-dissolubles dans l'esprit de vin et dans l'huile , et qui ne peuvent se fondre

que par des procédés particuliers ,
comme l'*ambre*, le *karabé* ou *succin*,
l'*asphalte* ou bitume de Judée, et le
copal. En réduisant ces matières en
essence , et en les faisant macérer avec
de l'huile cuite, on en forme des vernis
qui imitent parfaitement ceux de la
Chine et du Japon. De tous les vernis
dont je viens de parler , ceux qui sont
faits à l'esprit de vin sont les moins
coûteux , les plus faciles à composer ,
ont un éclat et un brillant bien supé-
rieur à celui des vernis huileux , et
sont plus propres aux lambris , aux
boiseries , aux boîtes de toilettes, etc.
Les vernis huileux conviennent aux
tabatières de carton , aux carrosses ,
et autres ouvrages sujets à la fatigue ,
ou exposés aux injures de l'air. Le vernis , façon de la Chine , doit être reservé pour les vaisseaux de métal ,
les bois ou les cartons destinés à con-
tenir quelque liqueur , ou à aller au

feu, et pour les gros meubles de prix, ornés de différentes peintures.

Le *vernis commun* que vendent les épiciers-droguistes, n'est autre chose que de la térébenthine commune, fondue avec de l'huile de térében-thine.

Comme le véritable vernis de la Chine, est de tous les vernis colorés celui qu'on estime le plus, je vous en dirai quelques mots encore. Ce vernis n'est point une composition ni un secret particulier, comme quelques gens l'ont cru ; c'est une résine qui découle d'un arbre, à peu près comme la térében-thine.

On fait à cet arbre des incisions, sous chacune desquelles on place une coquille de moule de rivière, pour recevoir la liqueur. Les exhalaisons de ce vernis sont, dit-on, vénéneuses. Ceux qui le transvasent sont obligés de chercher à en éviter les vapeurs.

Lorsque le vernis sort de l'arbre, il ressemble à de la poix liquide. Exposé à l'air, sa surface prend d'abord une couleur rousse, peu à peu il devient noir.

Les Chinois distinguent plusieurs sortes de vernis qui tirent leurs noms des divers cantons où on les recueille. Celui qu'ils nomment *nien-tsi* est le plus dur et le plus beau : il est noir et très-rare. Ils ont aussi un autre vernis qui tire sur le jaune.

ART DU BATTEUR D'OR.

Le batteur d'or est un ouvrier qui, à force de battre l'or ou l'argent sur le marbre, avec un marteau, dans des moules de vélin ou de boyau de bœuf, réduit ces deux métaux en feuilles très-légères et très-minces, propres à dorer ou argenter le cuivre, le fer, l'acier, le bois, etc.

Cet art est très-ancien. Quoique les Romains ne l'aient pas poussé aussi loin que nous, il est sûr qu'aussitôt après la ruine de Carthage, et pendant la censure de *Lucius Mummius*, on commença à dorer les planchers des maisons de Rome; que les lambris du Capitole furent les premiers sur lesquels on en fit l'essai;

que dans la suite le luxe devint si grand, que les particuliers firent dorer les plafonds et les murs de leurs appartemens.

Pline nous assure qu'ils ne tiraient d'une once d'or que cinq ou six cents feuilles de quatre doigts en carré; mais qu'on aurait pu en tirer un plus grand nombre, vu leur épaisseur; que les plus épaisses portaient le nom de *prenestines*, d'une statue de la Fortune, placée à Preneste, et qui était dorée de ces feuilles épaisses; et qu'on appelait *questoriales*, celles qui étaient d'une moindre épaisseur.

Nos batteurs d'or font leurs feuilles si minces et si déliées, qu'on est surpris que l'industrie et la patience de ces ouvriers aient pu aller jusques-là. On a remarqué qu'une once d'or se peut diviser en mille six cents feuilles de trois pouces une ligne en carré, ce qui fait quinze cent quatre-

vingt-dix mille quatre-vingt-douze
fois plus que son premier volume ;
d'autres disent six cent cinquante-un
mille cent cinquante-neuf fois.

L'or se bat sur un bloc de marbre,
ordinairement noir, très-uni, d'un
pied en carré, élevé de terre de trois
pieds. On se sert pour le battre de
trois espèces de marteaux, en forme
de masses, ou maillets de fer poli ;
le premier de trois à quatre livres
pesant sert pour *chasser ;* le second
de onze à douze livres pour *fermer*,
et le dernier de quatorze à quinze
livres pour *étendre* et *achever*. Ce sont
trois termes de l'art qui comprennent
depuis la première jusqu'à la dernière façon de l'or qu'on bat en
feuille.

ART DU MIROITIER.

La nature , mes enfans , nous a offert les premiers miroirs en représentant les objets sur la surface des eaux quand elles ne sont pas agitées. L'industrie humaine s'est emparée de cette observation ; elle a cherché à imiter ce phénomène , et à force d'essais elle en est venue à bout. La découverte des métaux aida l'homme dans cette recherche ; on fit d'abord des miroirs d'airain poli , d'étain et de fer bruni ; on en composa aussi du mélange de l'étain avec l'airain. Un certain *Praxitèle* , autre que le fameux sculpteur , et qui était contemporain du grand Pompée , en fit d'argent. Ces derniers eurent la préférence sur tous les au-

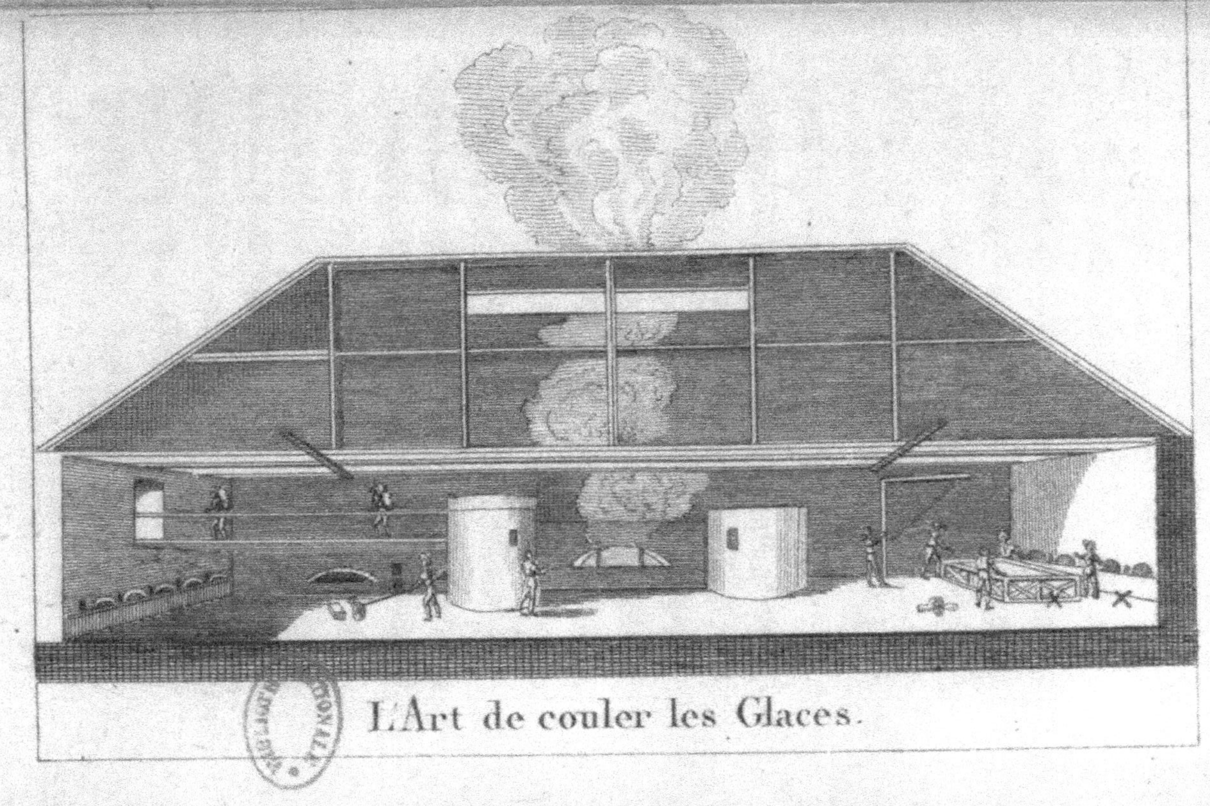

L'Art de couler les Glaces.

tres , jusqu'à ce qu'enfin on les aban-
donna pour ne se servir que d'une
glace de verre, qui réfléchit les rayons
de la lumière auxquels elle ne donne
point passage à cause de son étamure,
et qui représente les objets très- fidèlement.

On ne sait point précisément en
quel temps les anciens commencèrent
à se servir du verre pour en faire des
miroirs ; les premiers, à ce que l'on
pense , furent fournis par les verreries
de Sidon. On y travaillait fort bien
le verre , on le polissait au tour , et on
l'ornait de plat et de relief , comme
les vases d'or et d'argent.

Quant à la pierre spéculaire dont
les Romains se servaient pour garnir
leurs fenêtres , afin de se garantir de
la pluie et du mauvais temps , il ne
paraît pas qu'ils l'aient employée à
faire des miroirs. Parmi nous on fabrique des miroirs de différentes ma-

tière, et il y en a de diverses formes et à plusieurs usages ; mais je ne veux vous parler dans cet article que de ces belles glaces dont l'usage est de servir à l'ornement des appartemens et des toilettes.

C'est de Venise que la France tirait autrefois ses glaces. Aujourd'hui la France en fournit l'Europe entière ; et au lieu des glaces de quarante ou cinquante pouces de hauteur, qu'elle recevait autrefois d'Italie, elle y en envoie aujourd'hui de quatre-vingt-dix, et même de cent pouces.

On fait des glaces de verre soufflé à Tour-la-Ville, près Cherbourg ; mais les grandes qui sont de verre coulé sur une table, se façonnent conjointement avec les communes, quoique dans des halles différentes, au château de Saint-Gobin, entre Laon et La Fère en Picardie. C'est l'unique endroit où cette entreprise de cou-

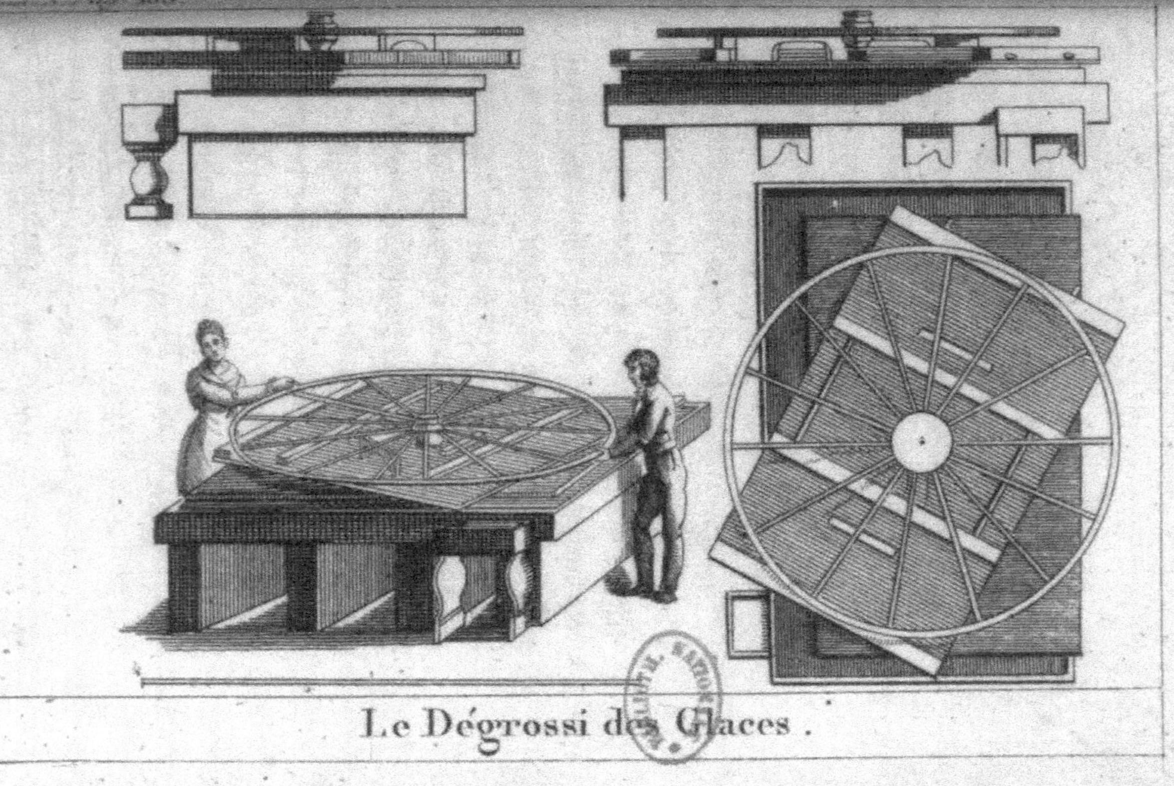

Le Dégrossi des Glaces .

ler les glaces, tant de fois tentée ailleurs, ait pu réussir et se maintenir.

Ces glaces après avoir été coulées sur une table de fonte, également applaties sous un cylindre du même métal, et mises au recuit dans un four nommé *carcaisse*, vont ensuite recevoir leur dernière main à Paris, où elles sont envoyées brutes, pour ne pas perdre les frais du poli, si elles se cassaient en chemin. Elles passent par l'atelier du *dégrossi*, et par l'atelier du *poli*. Dans le premier, la glace de grand volume est d'abord couchée horizontalement sur une grande pierre de liais, et on l'y scelle en plâtre, de façon à la rendre immobile. On en adoucit les inégalités par le moyen d'une glace de moindre volume que l'on glisse par-dessus. Celle-ci tient à une table de bois parfaitement nivelée. On la charge d'abord d'un poids plus ou moins fort, puis d'une roue qu'on y attache fortement avec le poids. Cette roue ne sert qu'à donner prise en tout sens à la main de l'ouvrier, pour faire aller et venir la glace supérieure sur la glace dormante.

Les moindres glaces se polissent pareillement l'une sur l'autre, et de chaque face, tour-à-tour, comme il se pratique pour les grandes. La roue est inutile pour le maniement des petites, et on la remplace par quatre poignées de bois qui tiennent aux quatre coins du moëllon de pierre, dont la table d'attache est chargée. Le dégrossi des grandes et des petites se pousse et se perfectionne par le secours de l'eau et du sable qu'on verse entre les glaces. On se contente d'abord d'un assez gros sable; on l'emploie ensuite plus fin, et cette finesse augmente par degrés.

De cet atelier les glaces vont au poli, qui achève d'y abattre les plus

Le Poli des Glaces.

petites inégalités. Pour leur donner cette perfection qu'on appelle aussi le lustre, on se sert de la pierre de tripoli et de celle d'émeril parfaitement pulvérisées. L'instrument de ce travail est une planche garnie d'un morceau de feutre, et traversée par un petit rouleau, qui de ses extrémités y forme un double manche pour la faire aller en avant et en arrière, et en tout sens. L'ouvrier la tient assujettie au bout d'un grand arc de bois qui fait ressort, et facilite l'action des bras en ramenant toujours la planche mobile vers le même point.

Les glaces sont alors en état de servir aux carrosses, ou d'éclairer les temples et les palais, sous la garde, si l'on veut, d'un fil de léton qui les préserve de la grêle et des insultes du dehors. Celles dont on veut faire des miroirs sont mises à l'*étain*, ou au *tain*, pour parler le langage des ouvriers.

Par quel secret magique les ouvriers tireront-ils d'une lame de sables faiblement liés, ces grandes et
magnifiques peintures qui enchantent
également toutes les nations, et qui
font sur les yeux des plus ignorans
des impressions refusées au pinceau
des plus habiles peintres ?

Cette merveille, qui a mis plus d'un
philosophe à la torture, n'est, de la
part des ouvriers, qu'un peu d'étain
et de vif-argent, proprement appliqué
sur un des deux côtés de la glace.

La feuille d'étain, après avoir été
extrêmement battue et mise en rouleau, est déployée et posée à plat sur
une pierre de liais plus grande qu'elle;
on l'y étend avec une règle polie et
arrondie du côté dont elle presse l'é-
tain. Cette règle peut être de verre,
ou de toute autre matière dure, et
sert pour empêcher l'étain de se bos-
suer ou de se rider. On avive la feuille

et on la rend plus brillante ou moins poreuse , en la tamponant avec une pelotte trempée dans le vif-argent. Toute la feuille est ensuite inondée de la même liqueur. On colle une bande de papier sur le bord inférieur de l'étain ; et à l'aide de deux longues barres emmortaisées sur le même bord dans le chassis de bois qui porte la pierre revêtue de sa feuille, l'on soutient et l'on présente la glace en la faisant glisser horizontalement sur la couche d'étain et de vif-argent. Le superflu de ce métal liquide , ou ce qui n'en a pu entrer dans les menus pores de l'étain , est chassé vers le haut , et latéralement par la glace , à mesure qu'elle avance. Ce petit flot qu'elle pousse , et dont elle est inondée bord à bord , va se rendre de toute part dans une rainure ou goulotte qui règne dans l'épaisseur du chassis , élevé de deux pouces plus haut que la glace. Une pièce de bois arrondie par son côté inférieur, et posée tranversalement sous le chassis, tient ce chassis, la pierre et la glace en équilibre. On est maître de tenir la pierre de niveau, sur le bois qui la soutient, ou de lui faire faire la bascule en avant ou en arrière. Est-elle inclinée de quelques pouces par devant; peu à peu toutes les gouttes de vif-argent auxquelles la bande de papier plié a refusé tout passage vers le bas, et qui se sont sauvées dans la rainure des trois bords, se suivent à la file, et vont tomber par les extrémités des deux goulottes, dans une sebille destinée de part et d'autre à les recevoir.

Ce qui arrive à deux plaques de marbre polies, quand on en a tiré l'air, arrive à la glace glissée sur la feuille d'étain, par un effet du procédé même, qui empêche l'air de s'insinuer entre la surface de l'étain et celle de la glace. Il n'y a plus de ressort ni d'action qui tende à les désunir, ou qui fasse équilibre avec la pression de l'air extérieur. Celui-ci agit sans résistance et sur la surface extérieure de l'étain, et sur la surface extérieure de la glace. Les deux surfaces intérieures doivent donc s'appliquer l'une à l'autre à proportion de leur poli, et ne plus faire qu'un tout. Peut-être est-ce là le principe de l'action des matières visqueuses ; peut-être est-ce là tout ce que signifie l'action qu'on attribue à la glace, *de bien happer son étain*.

Les trois planches qui suivent représentent *le travail des glaces*, *le dégrossi des glaces*, et *le poli des glaces*.

Pour monter un miroir, on pose la glace dans le cadre, en la faisant entrer par derrière dans les feuillures qui lui sont destinées. Si elle est trop petite, on la cale tout autour avec de petits morceaux de bois ou de papier. On applique ensuite des bandes de flanelle, larges d'un pouce environ, tout autour de la glace, et deux en travers. On met dessus cette flanelle une planche bien mince, et on fixe le tout avec des pointes de fer.

Les glaces de plus grand volume, telles que sont celles des cheminées, se montent différemment. On les place sur un *parquet*, qui est une grande planche traversée de différentes bandes de bois. On garnit ces bandes de flanelle, on y pose la glace, et on n'ajuste le cadre qu'après coup, avec des vis à têtes dorées.

FIN DU TROISIÈME VOLUME.

FIN DE LA TABLE.